Rebekah Doyle

Percepções de preparação para emergências entre imigrantes hispânicos

Rebekah Doyle

Percepções de preparação para emergências entre imigrantes hispânicos

ScienciaScripts

Imprint

Any brand names and product names mentioned in this book are subject to trademark, brand or patent protection and are trademarks or registered trademarks of their respective holders. The use of brand names, product names, common names, trade names, product descriptions etc. even without a particular marking in this work is in no way to be construed to mean that such names may be regarded as unrestricted in respect of trademark and brand protection legislation and could thus be used by anyone.

Cover image: Disponibilizado pelo autor

This book is a translation from the original published under ISBN 978-620-2-31263-9.

Publisher:
Sciencia Scripts
is a trademark of
Dodo Books Indian Ocean Ltd. and OmniScriptum S.R.L publishing group

120 High Road, East Finchley, London, N2 9ED, United Kingdom
Str. Armeneasca 28/1, office 1, Chisinau MD-2012, Republic of Moldova, Europe
Printed at: see last page
ISBN: 978-620-7-84731-0

Resumo

Os tornados estão a ocorrer com maior frequência em Oklahoma. O planeamento da

preparação para situações de emergência é essencial para diminuir o risco de ferimentos ou

morte devido a um tornado. A investigação sobre os conhecimentos e as percepções dos

imigrantes hispânicos em matéria de preparação para situações de emergência é limitada. O

objetivo deste estudo foi explorar as percepções e experiências vividas por imigrantes

hispânicos que sofreram um tornado ou outras condições meteorológicas de crise em

Oklahoma durante a primavera de 2013. As questões de investigação exploraram a

perceção do risco de lesões e o conhecimento do planeamento da preparação para tornados.

O modelo de crenças de saúde forneceu os fundamentos teóricos para este estudo

fenomenológico qualitativo. Foram realizadas entrevistas semi-estruturadas com uma

amostra intencional de 10 indivíduos imigrantes que vivem na cidade de Oklahoma e

arredores, Oklahoma. Os dados foram submetidos a triangulação e analisados para

identificar temas e padrões. As conclusões indicaram que os participantes imigrantes

tinham sido vítimas de vários tornados, procuraram regularmente abrigo durante um

tornado e 50% tinham criado um plano de emergência familiar e um kit de abastecimento

devido à sua experiência com tornados e à perceção do risco de ferimentos. As barreiras

identificadas ao planeamento da preparação foram as barreiras linguísticas e a falta de

informação sobre a preparação para catástrofes naturais. As recomendações incluíam a

realização de acções de sensibilização no domínio da saúde pública e o estabelecimento de

parcerias multidisciplinares no seio das comunidades, a fim de fornecer aos imigrantes

informações culturais e linguísticas adequadas sobre a preparação para catástrofes. Os

resultados fornecem aos profissionais de saúde pública a capacidade de melhorar o acesso e a divulgação de informações sobre o planeamento da preparação que podem promover uma

mudança social positiva, diminuindo o risco de lesões e morte dos imigrantes.

Percepções de preparação para emergências entre imigrantes hispânicos que vivem em

Oklahoma City, Oklahoma

por

Rebekah Doyle

Universidade de Walden

Dedicação

Gostaria de dedicar esta dissertação à minha mãe, Cindy, que me incentivou a
procurar continuamente o ensino superior. Ao longo da sua vida e da minha, incutiu em
mim uma curiosidade intelectual e uma forte ética de trabalho, ambas vitais para o meu
sucesso no processo de dissertação. É meu desejo sincero que a minha dissertação sirva
para honrar a tua memória. Esta dissertação é também dedicada aos meus dois filhos,
Jennifer e Kent. Deram à minha vida um sentido e um objetivo; amo-vos muito. Para além
disso, esta dissertação é dedicada a Keith Shadden, cuja amizade tem sido uma fonte
imensurável de apoio e motivação. A sua generosidade de espírito na prestação de cuidados
e apoio aos outros é uma fonte infinita de inspiração para mim.

Esta dissertação é também dedicada aos participantes no estudo que tão
generosamente deram o seu tempo e energia para participar neste estudo. Obrigado por
partilharem as vossas experiências pessoais com tornados e outras condições
meteorológicas de crise. Ao fazê-lo, conseguiram ser uma voz no deserto silencioso das
questões relacionadas com a preparação para emergências e os imigrantes hispânicos.

Além disso, esta dissertação é dedicada a todas as pessoas cujas vidas se perderam
durante os tornados e as inundações repentinas que ocorreram em maio de 2013 em
Oklahoma.

Agradecimentos

Em primeiro lugar, gostaria de expressar a minha gratidão a Deus, o meu Pai celestial. O seu amor e a sua orientação sustentaram-me ao longo de toda a jornada da minha vida. O meu comité de dissertação era composto por três académicos de renome na área da Saúde Pública, com quem tive a honra e o privilégio de trabalhar: O Dr. David Anderson, que presidiu à minha dissertação, a Dra. Shanna Barnett, que foi a minha perita em metodologia, e a Dra. Earla White, que foi a Investigadora de Revisão da Universidade.

Dr. Anderson, estou-lhe infinitamente grato pelo seu apoio inabalável, pelo seu encorajamento e pelo seu agradável sentido de humor! Obrigada por se ter interessado pelo meu estudo de investigação e por ter acreditado em mim. É à sua orientação, dada de forma tão graciosa e generosa, que devo a conclusão bem sucedida desta viagem. Dr. Barnett, estou imensamente grato pela sua decisão de ser o meu perito em metodologia, bem como pela positividade e entusiasmo que trouxe ao nosso comité. A sua vasta compreensão e conhecimento da metodologia qualitativa inspirar-me-ão para sempre; a si devo também a conclusão bem sucedida desta jornada. Dra. Earla White, também lhe estou muito grata. Os seus conhecimentos e a sua orientação competente foram inestimáveis para a nossa comissão, para mim pessoalmente e para a conclusão do percurso da dissertação. Muito obrigado!

Gostaria de deixar um enorme agradecimento a Leticia Aguado, que serviu de intérprete para este estudo de investigação. Obrigado por acreditar neste estudo e por aceitar o desafio de servir como intérprete para este estudo de investigação. Sem ti, este estudo não teria sido o que é. Como intérprete, ajudou a dar voz aos participantes que não falavam inglês. É a melhor!

Índice

Capítulo 1: Introdução ao estudo

Introdução

A saúde pública procura proteger e melhorar a saúde das comunidades e de populações

inteiras, trabalhando persistentemente para eliminar ou limitar as disparidades de saúde que

ocorrem em populações vulneráveis e étnicas (Centers for Disease Control and Prevention

[CDC], 2014). As agências de saúde pública trabalham para atingir estes objectivos

utilizando os *10 serviços essenciais* e as *três funções essenciais da saúde pública* como

enquadramento e guia para prevenir doenças, lesões, proteger contra riscos ambientais e

promover comportamentos saudáveis que incentivem um estilo de vida saudável, responder

a catástrofes e ajudar nos esforços de recuperação (American Public Health Association

[APHA], 2014).

Os *10 Serviços Essenciais* e as *Três Funções Essenciais de Saúde Pública* são

enquadramentos utilizados pela saúde pública, que ajudam e facilitam o desenvolvimento

de iniciativas de saúde pública. As iniciativas de saúde pública consistem em programas

educativos, políticas de melhoria da saúde da população ou da comunidade e investigação

no domínio da saúde pública. Embora cada um dos 10 Serviços Essenciais seja vital para a

saúde de cada população e indivíduo, os Serviços Essenciais específicos deste estudo de

investigação incluem a monitorização do estado de saúde das populações e comunidades

para identificar os problemas de saúde da comunidade, bem como o diagnóstico e a

identificação dos perigos para a saúde nas comunidades. Além disso, os Serviços

Essenciais específicos deste estudo de investigação incluem a realização de investigação

para obter novos conhecimentos e soluções para os problemas de saúde, a mobilização de parcerias comunitárias na identificação e resolução de problemas de saúde e a educação e capacitação das pessoas sobre questões de saúde que as podem afetar (CDC, 2013).

A "preparação" é um dos novos tópicos recentemente acrescentados às novas metas e objectivos da iniciativa Healthy People 2020. Os objectivos da iniciativa Healthy People apoiam os esforços de prevenção do Departamento de Saúde e Serviços Humanos dos Estados Unidos (United States Department of Health and Human Services [USDHHS], 2014). Healthy People 2020 é um conjunto de metas e objectivos para melhorar a saúde e o bem-estar das pessoas que residem nos Estados Unidos, num esforço para criar uma nação mais saudável. O objetivo da preparação é melhorar a capacidade da nação para atenuar, preparar e recuperar de um evento de saúde grave. Um dos objectivos que requerem atenção e atenção urgentes para atingir as metas da preparação é a promoção de indivíduos e comunidades informados e capacitados em termos de consciência situacional e educação para a preparação (USDHHS, 2014).

Tradicionalmente, as agências de saúde pública eram responsáveis pela prevenção de surtos de doenças, pela garantia de condições de vida e ambientes saudáveis e pela manutenção de um abastecimento alimentar seguro. As funções das agências de saúde pública expandiram-se para incluir a preparação e a resposta a emergências quando o Congresso promulgou a Lei de Segurança da Saúde Pública e Bioterrorismo de 2002, após os ataques terroristas de 11 de setembro e os subsequentes ataques com antraz (Berg, 2004; Gamboa- Maldonado, Marshak, Sinclair, Montgomery, & Dyjack, 2012). A lei também previa financiamento que se estendia a uma abordagem de preparação para "todos os riscos" (Brand, Kerby, Elledge, Johnson, & Magas, 2006; Lomarbardo & Buckeridge, 2007).

A abordagem "todos os riscos" inclui agências de saúde pública que informam, educam e capacitam as comunidades no planeamento de emergência para catástrofes naturais e emergências. A saúde pública procura avaliar as comunidades locais e identificar as populações vulneráveis que correm um risco acrescido de sofrer consequências adversas para a saúde devido à falta de conhecimentos e de planeamento da preparação para emergências. Vink e Takeuchi (2013) afirmaram que é importante que as pessoas vulneráveis sejam identificadas e classificadas como uma população vulnerável para que possam ser desenvolvidas e criadas medidas adequadas que diminuam a sua vulnerabilidade. Uma população que a saúde pública identificou como estando em maior risco de sofrer consequências adversas para a saúde devido à falta de conhecimento e planeamento da preparação para emergências é a população imigrante sem documentos (APHA, 2014b). Os imigrantes hispânicos são a população de estudo deste trabalho de investigação.

Frequentemente designados por "melting pot" devido às suas populações étnicas, raciais e culturais consideráveis e variadas, os Estados Unidos são o principal destino dos imigrantes em todo o mundo (Pew Research Center, 2013). O número de imigrantes que vivem nos Estados Unidos aumentou em 2,4 milhões desde 2007. O número de imigrantes indocumentados que vivem no país aumentou de 8,4 milhões no ano 2000 para 11,1 milhões em 2011 (Pew Research Center, 2013). O principal país de origem da imigração indocumentada para os Estados Unidos é o México (Latino Community Development Agency [LCDA], 2013; Migration Policy Institute [MPI], 2014; Pew Research Center [PRC], 2013; United States Census Bureau [USCB], 2013; United States Department of Homeland Security [USDHS], 2014).

Alguns investigadores (Miller, Adame, & Moore, 2013; Valdez, Valentine, & Padilla, 2013) atribuem o aumento da imigração mexicana ao recente aumento da violência relacionada com a droga nesse país. A perceção de melhores condições económicas e de estatuto, bem como de maiores oportunidades de trabalho e de educação, são razões pelas quais muitos imigrantes vêm para os Estados Unidos. Uma questão que se coloca em grande medida é a de saber se os imigrantes têm conhecimentos suficientes e consciência situacional das catástrofes naturais e das condições meteorológicas de emergência específicas das regiões geográficas para onde migram. Este conhecimento e esta consciencialização são fundamentais para o bem-estar e a segurança dos imigrantes. Uma razão é que tipos específicos de desastres naturais e condições meteorológicas de emergência severas que são exclusivos de determinadas regiões geográficas podem ser fatais (Miller, Adame, & Moore, 2013). Outra razão é que o conhecimento e a consciencialização das catástrofes naturais e das condições meteorológicas de emergência podem causar perturbações na saúde pública e na prestação de serviços sociais e de saúde (Runkle, Zhang, Karmaus, Martin, & Svendsen, 2012).

Há pouca investigação sobre o papel dos imigrantes hispânicos no planeamento da preparação para catástrofes e emergências. Vários académicos identificaram barreiras raciais, culturais e étnicas à preparação para catástrofes e emergências nesta população (Burke, Bethel, & Britt, 2012; Eisenman, Glik, Maranon, Gonzales, & Asch, 2009; Johnson, 2008; Kubicek, Ramirez, Limbos, & Iverson, 2008; Leyser-Whalen, Rahman, & Berenson, 2011; Messias, Barrington, & Lacy, 2012). No rescaldo do furacão Katrina, os latinos de Nova Orleães sofreram disparidades de saúde substanciais devido à falta de recursos e de educação para a preparação, que foram atribuídas a barreiras linguísticas e culturais (Messias et al., 2012). De acordo com a APHA (2014b), os imigrantes sem documentos têm um risco acrescido de sofrer consequências adversas para a saúde devido à falta de conhecimentos e de planeamento em matéria de preparação para emergências (APHA, 2014b).

Com base na minha revisão da literatura, os pesquisadores não examinaram a preparação para emergências entre a população estudada no estado americano de Oklahoma. Os imigrantes formaram grandes comunidades nas cidades de Oklahoma City, Tulsa, Lawton, Guymon e Altus (LCDA, 2013). As catástrofes naturais ocorrem frequentemente em todo o estado de Oklahoma, dando origem a emergências de saúde pública e a declarações de catástrofe. O Oklahoma tem uma localização central no Midwest dos EUA e é frequentemente referido como o beco dos tornados (Pool, 2013). O contraste constante entre o clima ártico frio e seco do norte e o clima quente e húmido do Golfo do México cria condições meteorológicas de padrões climáticos contraditórios que resultam em locais perfeitos para a formação de tornados durante todo o ano (Ahlborn & Franc, 2012; Miller, Adame, & Moore, 2013; Pool, 2013). A Federal Emergency Management Agency ([FEMA], n.d.) concluiu que, entre 1955 e 2014, foram declaradas 75 grandes catástrofes e 10 emergências em Oklahoma, incluindo tempestades de inverno e de gelo, tornados, incêndios florestais, inundações, chuvas fortes, uma explosão e várias combinações destas variáveis de incidentes.

Há pouca investigação sobre as experiências vividas e as crenças, percepções e opiniões relativas ao planeamento da preparação para catástrofes e emergências dos imigrantes hispânicos que vivem em Oklahoma. Os imigrantes hispânicos requerem uma atenção especial para assegurar uma preparação adequada antes, durante e depois das catástrofes, a fim de satisfazer as necessidades únicas de saúde e sociais desta população. O planeamento

da preparação para catástrofes e emergências, incluindo, mas não se limitando a, ter um kit

de abastecimento para catástrofes, permite que as vítimas de catástrofes e emergências

cuidem de si próprias durante e após a catástrofe. Ter um plano de catástrofe e um kit de

suprimentos pode ser benéfico durante uma emergência, conforme necessário, ou até que a

assistência estadual ou federal esteja disponível para o público em geral (Wofford, 2014).

Um plano de preparação para emergências e um kit de suprimentos aumentam a auto-

eficácia da família, diminuindo e mitigando a sua vulnerabilidade e o risco de sofrer

possíveis ferimentos ou possível morte (FEMA, 2014).

Antecedentes do problema

Os Estados Unidos foram palco de numerosas catástrofes naturais, que afectaram

diretamente as comunidades, causando mortalidade, morbilidade e lesões significativas

(Wallace, 2010). As catástrofes naturais, incluindo os furacões Ike, Rita e Katrina e os

tornados ocorridos em 2011 e 2013, respetivamente, em Joplin, Missouri, e Moore,

Oklahoma, aumentaram a consciencialização para as crescentes ocorrências e

consequências das catástrofes naturais. Além disso, aumentam a necessidade de educação e

preparação da comunidade para os riscos de catástrofes naturais (Akompab et al., 2013;

Dynes, 2003; Kubicek et al., OEM, 2013; Orient, 1985; Prevatt et al., 2013; Villagran,

Wittenberg-Lyles, & Garza, 2006).

Em Oklahoma, as catástrofes naturais, como tornados, tempestades de gelo e

inundações, contribuem para a perda de vidas e da estrutura social e resultam em

instabilidade financeira e destruição de infra-estruturas arquitectónicas (FEMA, n.d.;

National Weather Service Weather Forecast Office [NWSWFO], 2014; OEM, 2013). De

acordo com o Disaster Center (2014), entre os 50 estados dos Estados Unidos, o Oklahoma

ocupa o segundo lugar na frequência de tornados, o sétimo na incidência de fatalidades, o

nono em feridos e o quinto no custo económico dos danos causados por tornados.

O furacão Katrina e o tornado de Moore, Oklahoma, em 2013, ampliaram a forma como

os processos sociais que encapsulam a pobreza e a marginalização podem aumentar a

suscetibilidade a lesões, deslocações, morte, bem como outras complicações na sequência

de uma catástrofe (OEM, 2013; Tate, 2012). Os membros das populações de minorias

raciais e étnicas apresentam resultados de saúde mais díspares do que outras populações

durante e após as catástrofes (Hutchins, Fiscella, Levine, Ompad, & McDonald, 2009;

Truman et al., 2009). Estes resultados díspares em termos de saúde incluem um risco

acrescido de lesões, problemas de saúde, resultados adversos e falta de acesso aos cuidados

de saúde necessários (Messias et al., 2012; Runkle et al., 2012). Hutchins et al. (2009)

sugeriram que as disparidades nas populações raciais e étnicas se devem a uma taxa mais

elevada de problemas de saúde subjacentes, bem como a um baixo estatuto socioeconómico

e a barreiras culturais, linguísticas e educativas.

A investigação encontrou provas dos efeitos das catástrofes naturais nas desigualdades

raciais e sociais no que respeita à afetação de recursos (Messias et al., 2012). Schulz et al.

(2008) afirmaram que as disparidades raciais em matéria de saúde contribuem para, e são

concomitantes com, a saúde dos residentes urbanos e o stress social e ambiental. Estas

desigualdades são substancialmente proeminentes entre as minorias raciais e étnicas, as

mulheres, as crianças, os idosos e os mais desfavorecidos (Leyser-Whalen et al., 2011).

Além disso, dados de estudos recentes destacam numerosos obstáculos à preparação para catástrofes entre as populações nativas de língua espanhola. Estas barreiras incluem a cultura, a língua, o transporte e a falta de conhecimento geográfico dos recursos (Ahlborn & Franc, 2012; Andrulis, Siddiqui, & Gantner, 2007; APHA, 2012; Burke et al., 2012; Eisenman et al., 2009). O Katrina sublinhou os obstáculos que os residentes latinos de Nova Orleães enfrentaram após o furacão Katrina. Os latinos enfrentaram enormes obstáculos no acesso a recursos sociais vitais e de manutenção da vida, como alimentos, abrigo, cuidados de saúde e outros recursos (Messias et al., 2012; Leyser-Whalen et al., 2011). É necessário realizar mais estudos de investigação que explorem e permitam compreender a essência do significado do planeamento da preparação para desastres e emergências para esta população de estudo (Ahlborn, L. & Franc, 2011).

Declaração do problema

Explorei o problema do impacto negativo que as catástrofes naturais de Oklahoma, especificamente os tornados, têm na população hispânica imigrante vulnerável e que é desproporcionada em relação a outras populações étnicas. Como já foi referido, existem catástrofes naturais e emergências específicas da localização geográfica de Oklahoma, o que aumenta o risco de lesões corporais e/ou morte (Estado de Oklahoma, 2013). Os Estados Unidos, divididos em quatro regiões que reflectem geograficamente o número e a intensidade de tempestades de vento extremas, descrevem a cidade de Oklahoma e as áreas circundantes como estando situadas na Região IV e registando a atividade de tornados mais frequente e mais forte, com mais de 25 tornados EF5 registados (FEMA, 2012). A classificação Enhanced Fujita (EF) é vital para compreender o risco de ferimentos ou mortalidade relacionado com o facto de se viver em zonas como Oklahoma, onde é mais provável a ocorrência de tornados. Os tornados são classificados como EF0 - EF5 com base na velocidade do vento e na quantidade de danos estruturais (Norman National Weather Service Office [NNWSO], 2014).

A título de exemplo, durante o período de 1950-2013, mais de 85 tornados assassinos atingiram Oklahoma, tendo 90% destas tempestades sido classificadas como EF2, EF3 ou EF4 na escala EF (NWSWFO, 2014). Mais recentemente, em maio de 2013, um tornado EF5 atingiu Moore, Oklahoma, matando 24 pessoas, ferindo mais de 212 outras, desalojando centenas de residentes e provocando 61 500 cortes de energia e mais de mil milhões de dólares em prejuízos estruturais e económicos (FEMA, n.d.; NWSWFO, 2014; OEM, 2013). É importante notar, ao considerar a quantidade de mortes e ferimentos que podem ocorrer com um EF4 - EF5, que o tornado de Moore, Oklahoma, transportou uma energia que variou entre oito e 600 vezes mais potente do que a bomba atómica lançada em Hiroshima (Nature World News, 2014). Aproximadamente 9,2% da população de Oklahoma é constituída por hispânicos e 9,0% por indivíduos que falam uma língua diferente do inglês em casa, com uma população hispânica total de 347 000 pessoas no estado de Oklahoma, registada demograficamente em 2011 (PRC, 2013; USCB, 2013). Além disso, do ponto de vista demográfico, 33% do total de 347 000 hispânicos são nascidos no estrangeiro, sendo 83% da população hispânica de origem mexicana (PRC, 2014; USCB, 2013).

Nas comunidades do Oklahoma, as catástrofes como os tornados podem afetar negativamente certas populações vulneráveis, como as minorias raciais e étnicas, mais do que outras. Além disso, podem ter consequências negativas que incluem lesões, deficiência, disparidades na saúde e interrupções no acesso aos serviços de saúde entre estes grupos

(Runkle et al., 2012). Os imigrantes, identificados como uma população vulnerável, com factores como o estatuto socioeconómico, a proficiência limitada em inglês, o acesso limitado aos cuidados de saúde e o estigma e a marginalização a aumentarem o seu risco e vulnerabilidade (Derose, Escarce, & Lurie, 2007).

Em termos estatísticos, no Oklahoma, 35% dos hispânicos com 17 anos ou menos vivem na pobreza, os hispânicos com 18-64 anos vivem na pobreza a uma taxa de 24%, ao contrário dos brancos não hispânicos com 18-64 anos, que vivem na pobreza a uma taxa de 13%. Os hispânicos do Oklahoma correm também o risco de sofrer disparidades em matéria de saúde, uma vez que 37% da população não tem seguro, sendo que 69% da população hispânica total do Oklahoma não tem seguro e é constituída por hispânicos nascidos no estrangeiro. As taxas acima mencionadas são diretamente opostas aos riscos de disparidade na saúde que diminuem para os brancos não hispânicos, que registam uma taxa de não segurados de apenas 14% (PRC, 2014; USCB, 2014).

A população hispânica de Oklahoma corre um risco acrescido de sofrer de disparidades de saúde, perda de recursos financeiros e estabilidade, apoio social e rede comunitária. Corre também o risco de sofrer de instabilidade ambiental e insegurança habitacional. Os possíveis efeitos adversos são atribuídos à área de alto risco de emigração geográfica do Oklahoma, combinada com a falta de conhecimento e sensibilização para os tipos específicos de catástrofes naturais e condições meteorológicas de emergência que são específicas da região, bem como para a forma de se prepararem para elas.

Objetivo do estudo

O objetivo deste estudo fenomenológico descritivo foi explorar e identificar as percepções, os pensamentos e as experiências dos imigrantes hispânicos que vivem no estado americano de Oklahoma relativamente à perceção do risco de ferimentos e às crenças, atitudes e percepções sobre catástrofes naturais e emergências. Este estudo centrou-se em resultados qualitativos, a fim de obter uma compreensão aprofundada do planeamento da preparação para catástrofes e emergências vivido pelos imigrantes hispânicos. A experiência pessoal com uma catástrofe natural pode ter um efeito poderoso sobre um indivíduo e a sua vontade de se proteger de riscos futuros (Martin, Martin, & Kent, 2009). Além disso, foi com base nas recomendações de vários investigadores quantitativos anteriores que se realizou uma investigação qualitativa explorando estes constructos para preencher a lacuna na investigação e compreensão desta população e da preparação para catástrofes e emergências (Ahlborn & Franc, 2012; Burke et al., 2012).

Questões de investigação

A questão central da investigação respondida neste estudo foi: quais são as percepções, pensamentos e experiências dos imigrantes hispânicos relativamente à perceção do risco de lesões e ao conhecimento dos comportamentos de preparação para tornados? O HBM orientou o desenvolvimento de cinco questões de investigação específicas:

RQ1. Quais são as percepções, pensamentos e experiências dos imigrantes hispânicos relativamente ao seu risco pessoal de lesões durante uma catástrofe natural?

RQ2. Quais são as percepções, pensamentos e experiências dos imigrantes hispânicos relativamente a abrigos seguros durante uma catástrofe natural?

RQ3. Quais são as percepções, pensamentos e experiências dos imigrantes hispânicos relativamente ao desenvolvimento de um plano de emergência familiar para se prepararem para uma catástrofe natural?

RQ4. Quais são as percepções, pensamentos e experiências dos imigrantes hispânicos relativamente à criação de um kit de emergência familiar para se prepararem para uma catástrofe natural?

RQ5. Quais são as percepções, pensamentos e experiências dos imigrantes hispânicos relativamente à forma de evitar danos pessoais ou perda de recursos pessoais durante uma catástrofe natural?

(Ver Apêndices A para as perguntas da entrevista que utilizei para responder a cada uma destas questões).

Fundamentação teórica e quadro concetual

O quadro teórico utilizado para orientar esta investigação fenomenológica será o modelo de crenças sobre a saúde (MCS). O MCS tem sido amplamente utilizado na investigação em saúde pública, permitindo aos investigadores prever comportamentos relacionados com a saúde e, consequentemente, enquadrar intervenções para alterar esses comportamentos de saúde (McGarvey et al., 2003). A MCS, desenvolvida na década de 1950 por Hochbaum e Rosenstock, é uma estrutura que elucida o fracasso dos indivíduos em participar em programas de prevenção e tratamento de doenças (Champion & Skinner, 2008). Os construtos do HBM consistem em suscetibilidade percebida, gravidade percebida, benefícios percebidos, barreiras percebidas, pistas para a ação e auto-eficácia; tornando-o um quadro excecional para programas de promoção da saúde que visam a redução de lesões (National Cancer Institute, 2005).

Os investigadores têm utilizado o HBM para explicar os comportamentos individuais de saúde e as actividades de promoção da saúde; e os seus constructos facilitam a exploração das questões de investigação propostas por este projeto de dissertação (Davenport, Modeste, Marshak, & Neish, 2010; McGarvey et al., 2003). Da mesma forma, o quadro HBM simplificará a exploração e o esclarecimento da perceção do risco de lesão e dos benefícios percebidos, barreiras e pistas para a ação na iniciação da redução do risco e comportamentos adaptativos entre a população hispânica imigrada de Oklahoma através da sensibilização responsável do cidadão e de programas de preparação para desastres e emergências (Akompab et al., 2013; Schneiderman,

Speers, Silva, Tomes, & Gentry, 2001).

Natureza do estudo

A natureza deste estudo é qualitativa e orientada por uma abordagem fenomenológica descritiva. Os investigadores qualitativos, utilizando uma abordagem fenomenológica descritiva, dão ênfase às experiências vividas comuns dos participantes no estudo através da realização de entrevistas em contextos naturais (Coffman, Shobe, & O'Connell, 2008). Realizei as entrevistas para explorar o significado de uma experiência vivida comum ou partilhada pela população em estudo, a fim de identificar a essência das suas experiências vividas com um fenómeno (Creswell, 2009). É vital compreender estas experiências comuns e partilhadas para desenvolver políticas e práticas ou para obter uma compreensão mais aprofundada do fenómeno (Patton, 2013).

A abordagem fenomenológica é a metodologia mais apropriada para este estudo, porque as construções dos imigrantes hispânicos e o seu papel no planeamento de catástrofes e emergências para as suas famílias precisam de ser mais exploradas. Foram conduzidas entrevistas com 10 imigrantes hispânicos, homens e mulheres, e serão exploradas as suas

experiências com condições climatéricas de catástrofe e emergência. Explorei se tinham

criado um plano de emergência familiar e um kit de emergência. Explorei ainda se os

participantes no estudo acreditam que eles e a sua família correm o risco de sofrer morte,

ferimentos ou perdas se não tiverem um plano e um kit familiar de preparação para

catástrofes e emergências. Uma descrição detalhada da metodologia do estudo encontra-se

no Capítulo 3. Nem sempre existe uma compreensão universal de uma palavra ou

terminologia específica, pelo que a próxima secção define as palavras e a terminologia

utilizadas no estudo que podem necessitar de uma clarificação definida.

Definições

Hispânico: que o Gabinete dos Censos dos EUA utilizou para recolher informações

sobre os dados censitários no questionário dos Censos 2010. Hispânico e latino são

utilizados indistintamente, classificando-se como porto-riquenho, mexicano, cubano, sul ou

centro-americano, ou de outra cultura ou origem espanhola, independentemente da raça

(USBC, 2011).

Catástrofes naturais: Eventos que normalmente resultam em morte, ferimentos,

deslocação de residentes e perda e danos nas infra-estruturas locais. Estes eventos incluem

tornados, inundações, incêndios, tempestades de gelo, furacões e terramotos (FEMA,

2013).

Pressupostos

Um fenomenólogo, um investigador que conduz uma investigação fenomenológica,

articularia um pressuposto importante da abordagem fenomenológica em relação aos seres humanos: a intencionalidade da consciência é a realidade de uma experiência e está diretamente relacionada com a consciência que se tem dela (McPhail, 1995; Patton, 2013). Os pressupostos são que os participantes no estudo serão capazes de compreender de forma clara e precisa o objetivo do estudo de investigação, compreender as perguntas da entrevista colocadas aos participantes no estudo pelo tradutor/intérprete, bem como o pressuposto de que os participantes no estudo se sentirão confortáveis, seguros e serão sinceros na sua resposta às perguntas da entrevista.

Âmbito de aplicação e delimitações

A delimitação deste estudo consiste em imigrantes hispânicos como participantes com idade igual ou superior a 18 anos, do sexo masculino e feminino, e que tenham sofrido os efeitos de catástrofes naturais ou condições climatéricas de emergência. Isto fornecerá dados ricos necessários para explorar o fenómeno de interesse de forma abrangente entre a população hispânica imigrante de Oklahoma.

Limitações do estudo

Não é uma limitação deste estudo de investigação o facto de ter sido constituído por uma amostragem intencional de imigrantes hispânicos e de os participantes neste estudo de investigação serem ainda constituídos por uma sub-secção de uma população minoritária. Este estudo de investigação foi qualitativo e utilizou uma abordagem fenomenológica. No entanto, uma limitação deste estudo de investigação é que as conclusões do estudo podem não ser generalizáveis a outras populações de minorias étnicas.

Importância do estudo

A educação para a preparação para catástrofes e emergências é um serviço vital e essencial que os departamentos de saúde pública municipais e estaduais devem prestar a todos os cidadãos que residem nas comunidades de Oklahoma. A preparação para catástrofes e emergências é particularmente crucial para aqueles cuja vulnerabilidade e resultados em termos de saúde são especialmente acentuados durante e na sequência de uma catástrofe natural. Compreender as crenças, percepções e experiências vividas com a preparação para catástrofes e emergências pelos imigrantes hispânicos residentes em Oklahoma pode ajudar os funcionários da saúde pública e da gestão de emergências de Oklahoma a preparar esta comunidade para catástrofes naturais e emergências comuns ao estado.

Implicações para a mudança social

As implicações para a mudança social incluem o aumento da consciencialização e compreensão das crenças, percepções e experiências relativas à preparação para catástrofes e emergências entre os imigrantes hispânicos. Este estudo forneceu dados ricos e evidências para informar e avançar com programas de preparação para catástrofes e emergências consistentes com as perspectivas da população hispânica imigrante de Oklahoma, de acordo com as recomendações da Associação Americana de Saúde Pública (2014a) dos Dez Serviços Essenciais e três funções essenciais de saúde pública. Além disso, este estudo teve como objetivo melhorar as iniciativas de saúde pública de preparação para catástrofes naturais e emergências dirigidas à população hispânica de

Oklahoma. Poderia facilitar a redução do risco de lesões, morbilidade e mortalidade, bem como a diminuição das disparidades sociais e de saúde devidas a catástrofes naturais e emergências de saúde pública, entre esta população vulnerável. Este estudo também pode criar uma mudança social positiva, facilitando o alcance da saúde pública com o desenvolvimento de equipas multidisciplinares comunitárias e a participação da comunidade, educando e capacitando os cidadãos da comunidade no planeamento da preparação para emergências.

Resumo

Este estudo de investigação qualitativa foi realizado com o objetivo de explorar e compreender a construção de catástrofes naturais e a preparação para situações de emergência relacionada com imigrantes hispânicos, no que diz respeito ao estado de Oklahoma e aos tornados. Oklahoma, um dos estados normalmente seleccionados pelos imigrantes hispânicos para se mudarem e residirem, está sujeito a condições meteorológicas voláteis ao longo do ano. O Oklahoma tem um historial de uma década de tornados assassinos, sendo o centro do Oklahoma comummente designado por "beco dos tornados". O Oklahoma registou mais de 85 tornados com classificações de tempestade EF2 - EF4 (NWSWFO, 2014). Um tornado EF5 ocorrido em Moore, Oklahoma, causou um grande número de vítimas mortais, um grande número de feridos, centenas de residentes deslocados, 61 500 cortes de eletricidade e mais de mil milhões de dólares em prejuízos estruturais e económicos (FEMA, n.d.; NWSWFO, 2014; OEM, 2013). As populações hispânicas foram identificadas pela APHA, FEMA, USDHHS, saúde pública e outras agências e organizações governamentais federais e locais como sendo uma população vulnerável que corre um risco acrescido de sofrer lesões, morte, bem como perda de apoio e recursos médicos, financeiros e sociais. O Capítulo 2 consiste na revisão da literatura realizada, que examinou e explorou pesquisas anteriores relevantes para os construtos deste estudo de investigação.

Capítulo 2: Revisão da literatura

Introdução

O objetivo deste estudo fenomenológico descritivo foi explorar e identificar as percepções, os pensamentos e as experiências de imigrantes hispânicos que passaram por catástrofes naturais e emergências em Oklahoma, especificamente tornados. Explorei a perceção do risco de lesões, as crenças, as atitudes e as percepções das catástrofes naturais e das emergências. O capítulo 2 inclui uma visão geral do HBM, que utilizei para fundamentar o meu estudo de investigação. Inclui também uma discussão de pesquisas anteriores que foram relevantes para a minha investigação. O capítulo termina com um resumo da informação discutida neste capítulo e uma antevisão do Capítulo 3.

Estratégia de pesquisa bibliográfica

Uma revisão da literatura para um estudo qualitativo é diferente de uma revisão da literatura efectuada para um estudo quantitativo. Uma revisão da literatura num estudo de investigação qualitativa não prepara o terreno para o estudo. De facto, normalmente não existe muita literatura sobre os fenómenos que estão a ser explorados (Creswell, 2009). A falta de literatura extensa validou e apoiou ainda mais a necessidade de realizar um estudo de investigação com esta população. Utilizei a literatura com moderação, a fim de empregar uma conceção indutiva; utilizei a literatura para comparar e contrastar as minhas conclusões no final do estudo (Creswell, 2009). Obtive a literatura para a revisão utilizando as bases de dados ProQuest Central, EBSCO, Science Direct, Google Scholar, Academic Search Complete, CINAHL e MEDLINE. Quando efectuam revisões da literatura, os investigadores das ciências sociais utilizam normalmente estas bases de dados (Creswell, 2009). Os principais termos de pesquisa utilizados para procurar e recuperar dados de investigação anteriores incluíram saúde pública, Healthy People 2020, preparação para catástrofes, imigrantes, população vulnerável, catástrofes naturais, hispânicos, disparidades na saúde, barreiras linguísticas, latinos, determinantes sociais, tornado, modelo de crenças de saúde e teoria da auto-eficácia. Outros termos de pesquisa utilizados foram imigração, justiça social, diversidade, barreiras culturais, barreiras linguísticas, resiliência comunitária, cuidados de saúde latinos, políticas de catástrofe, leis de catástrofe, latinos na investigação, declarações de catástrofe da FEMA e perceção de risco.

Fundamentação teórica e quadro concetual

O quadro teórico que orientou esta investigação fenomenológica foi o modelo HBM. O HBM tem sido amplamente utilizado por investigadores de saúde pública para prever comportamentos relacionados com a saúde e enquadrar intervenções para alterar esses comportamentos (Champion & Skinner, 2008). Por conseguinte, a MCS foi o quadro ideal para explorar a perceção do risco de ferimentos provocados por um tornado, bem como a auto-eficácia dos hispânicos na criação de um plano de preparação para emergências e de um kit de abastecimento.

A suscetibilidade percebida, a gravidade percebida, os benefícios percebidos e as barreiras percebidas, juntamente com as pistas para a ação e a auto-eficácia, são constructos-chave do HBM (National Cancer Institute, 2005; Samaddar, Chatterjee, Misra, & Tatano, 2014). Semenza, Ploubidis e George (2011) observaram que a suscetibilidade percebida e as barreiras percebidas estão associadas a comportamentos preventivos. Consequentemente, todos os constructos do HBM foram utilizados para responder à questão de investigação deste estudo. A perceção da suscetibilidade a uma lesão é crucial para explicar a motivação para adotar comportamentos de proteção.

Os construtos HBM de auto-eficácia e barreiras percebidas à preparação para emergências e auto-eficácia levam à compreensão das percepções de risco de ferimentos provocados por um tornado, bem como da forma como isso pode influenciar a tomada de decisões relativamente ao desenvolvimento de um plano de preparação para emergências e de um kit de abastecimento. Além disso, a estrutura HBM simplificará a exploração e o esclarecimento da perceção do risco de lesão e dos benefícios percebidos, barreiras e pistas de ação para iniciar a redução do risco e comportamentos adaptativos entre a população hispânica imigrada de Oklahoma através da sensibilização responsável dos cidadãos e de programas de preparação para catástrofes e emergências (Akompab et al., 2013; Schneiderman, Speers, Silva, Tomes, & Gentry, 2001). O HBM fundamentou este estudo, e os constructos da teoria guiaram e facilitaram a exploração das questões de investigação.

Revisão da literatura relacionada com variáveis e/ou conceitos-chave

Tradicionalmente, os profissionais de saúde pública têm procurado avaliar, implementar, avaliar e proteger indivíduos e comunidades contra surtos de doenças. Após o ataque terrorista em solo americano em 11 de setembro, o Congresso dos EUA promulgou a Lei de Segurança da Saúde Pública e Bioterrorismo de 2002, que resultou numa expansão das funções da saúde pública para incluir a preparação e a resposta a emergências (Berg, 2004; Gamboa-Maldonado et al., 2012). A lei concedeu financiamento federal aos Estados para que estes estabelecessem sistemas de vigilância das doenças. Os sistemas centraram-se na identificação rápida de ataques terroristas de bioterrorismo. Atualmente, é concedido financiamento para uma abordagem de preparação para "todos os riscos", que inclui a educação das comunidades sobre todos os riscos possíveis que possam ocorrer (Brand, Kerby, Elledge, Johnson, & Magas, 2006; Lomabardo & Buckeridge, 2007).

A abordagem de "todos os perigos" é adequada para os Estados Unidos, uma vez que este país enfrenta uma série de ameaças que podem ter consequências sanitárias em grande escala, incluindo, entre outras, o terrorismo. De acordo com Perry e Lindell (2003), os processos de planeamento de emergência devem integrar planos para cada perigo identificado na comunidade numa abordagem global de gestão de riscos múltiplos. Isto permite uma resposta global mais eficaz a catástrofes naturais e emergências.

Uma abordagem "todos os riscos" inclui a preparação para catástrofes naturais e emergências meteorológicas graves (Brand, Kerby, Elledge, Johnson, & Magas, 2006; Lomabardo & Buckeridge, 2007). De facto, as catástrofes naturais são mais comuns em todo o país. Espera-se que a saúde pública eduque as comunidades em matéria de preparação e ajude no planeamento e resposta a emergências em caso de catástrofes naturais. Espera-se que os profissionais de saúde pública ajudem a mitigar a morbilidade e a mortalidade associadas às ameaças relacionadas com as catástrofes naturais (USDHHS, 2014). A preparação para catástrofes e emergências no domínio da saúde pública, utilizando uma abordagem "todos os riscos", defende e facilita uma abordagem multidisciplinar para otimizar o planeamento de emergências com as partes interessadas e os residentes da comunidade (Stajura, Glik, Eisenman, Prelip, Martel, & Sammartinova, 2012).

Danforth, Doying, Merceron e Kennedy (2010) concluíram que são necessários esforços multidisciplinares para garantir a eficácia das actividades de preparação e resposta em toda a comunidade. A preparação para catástrofes e emergências em toda a comunidade é um serviço vital de saúde pública que fortalece e promove a auto-eficácia nas famílias e comunidades (Stajura et al., 2012). Os esforços multidisciplinares resultam numa diminuição das lesões e da mortalidade causadas por catástrofes naturais. Miller, Adame e

Moore (2013) afirmaram que

Durante e após uma crise de catástrofe, os residentes esperam que várias agências

governamentais forneçam assistência e proteção imediatas. Os cidadãos que sofram uma

catástrofe natural ou uma emergência meteorológica precisam de ter um plano de

preparação para emergências e um kit de abastecimento para poderem cuidar de si próprios

de forma adequada durante 72 horas ou até que chegue a assistência estatal ou federal para

lhes fornecer recursos.

O furacão Katrina demonstrou que os cidadãos precisam de estar preparados para cuidar

de si próprios durante um curto período de tempo, enquanto a resposta do governo está a

ser mobilizada (Messias, Barrington, & Lacy, 2012). O furacão Katrina realçou a

necessidade de a saúde pública colaborar com as partes interessadas da comunidade e os

líderes comunitários para incluir as populações minoritárias no planeamento de catástrofes

e emergências. Houve uma devastadora falta de preparação para emergências por parte da

cidade e da comunidade de Nova Orleães que resultou na perda de milhares de vidas

durante e após o furacão Katrina. A maioria das pessoas que morreram eram residentes de

minorias (Neuhauser, Richardson, Mackenzie, & Minkler, 2007). **Imigrantes hispânicos**

Imigrar para outro país, onde o imigrante não conhece nem compreende a língua ou a

cultura, pode ser uma mudança de vida e um desafio. Como é que um imigrante pode pedir

a localização dos recursos necessários, tais como abrigo, serviços públicos ou comida?

Como é que um imigrante preenche uma candidatura a um emprego ou pede uma carta de

condução? Como é que um imigrante explicaria o seu ferimento ou dor a um médico das

urgências se só falasse espanhol? É grande a possibilidade de um imigrante, que não fala

inglês, nunca ter passado por um tornado, nem ter residido anteriormente numa área

geográfica onde ocorram tornados. Pode não saber como procurar abrigo em caso de emergência meteorológica. Para além disso, é possível que também não saiba, ao procurar

abrigo em condições meteorológicas de emergência, que morrem mais pessoas abrigadas

em casas móveis do que em casas com estrutura fixa (Brooks & Doswell, 2002).

Um imigrante proveniente de uma área geográfica não familiarizada com tornados pode

não saber o que fazer quando a sirene de um tornado assinala um aviso para se abrigar. É

questionável que os hispânicos recém-imigrados saibam que a sirene significa que se avista

um tornado e que precisam de se abrigar imediatamente para evitar danos. Brooks e

Doswell (2002) concluíram que é preciso saber o que é um aviso e que acções devem ser

tomadas para evitar ferimentos e morte. A ocorrência de um tornado é um acontecimento

que muda a vida de uma pessoa e aumenta o risco de ferimentos ou morte. Se uma pessoa

reside em Oklahoma, corre um risco acrescido de sofrer um tornado (Keeping, 2014).

[st]Os dias 19, 20 e 31 de maio de 2013 foram dias de emergência meteorológica

desastrosa em Oklahoma que resultaram em tornados EF4 e EF5 e em inundações

repentinas no dia 31 de maio de 2013 ([st]). Os três dias de fenómenos meteorológicos

extremos foram a causa de pelo menos 48 mortes e centenas de feridos, que ocorreram

durante condições meteorológicas de catástrofe natural, incluindo tornados, ventos fortes e

inundações (MRC, 2013). Centenas de casas foram destruídas e centenas de habitantes de

Oklahoma ficaram imediatamente sem casa. Muitas empresas, bem como instalações

médicas e uma escola foram destruídas.

Os imigrantes hispânicos e a preparação para catástrofes

Os latinos foram uma das populações minoritárias vulneráveis afectadas negativamente

pelo furacão Katrina. Allen e Katz (2010) descobriram que os imigrantes, para os quais o

inglês é uma segunda língua, não estão tão bem informados sobre como se preparar e responder a uma emergência de saúde pública. Uma barreira identificada para a obtenção de informações sobre a preparação para desastres e sobre onde ir para receber assistência é a língua para a população imigrante hispânica/latina. Currie (2012) sugeriu que, embora o governo federal tenha feito melhorias na educação dos cidadãos sobre a necessidade de preparação, como o desenvolvimento do Ready.gov e do Citizen Corps, eles estão em inglês e é necessário um esforço maior para desenvolver materiais de preparação mais acessíveis para aqueles que enfrentam barreiras à língua e aos recursos ingleses. No entanto, é importante notar que, nos últimos dois anos, o Ready.gov está a integrar no seu sítio Web informações de preparação em espanhol.

As disparidades no domínio da saúde ocorrem quando os imigrantes não conseguem obter recursos pós-desastre tão fácil ou rapidamente como as outras populações. Carter-Pokras, Zambrana, Mora, e Aaby (2007) concluíram que, devido à falta de acesso aos recursos financeiros e materiais necessários para recuperar as suas perdas de uma catástrofe e para amortecer o impacto da catástrofe, os latinos com baixos rendimentos correm frequentemente um risco acrescido após uma catástrofe. Horton (2012) observou que outros desafios e factores de stress para os imigrantes, tanto documentados como indocumentados aqui nos Estados Unidos, incluem o medo de serem deportados se procurarem assistência após a catástrofe. O medo da deportação foi uma questão importante e criou uma grande confusão após o furacão Katrina, o que impediu alguns imigrantes de procurar os recursos necessários.

Em contrapartida, Miller, Adame e Moore (2013) observaram que os cidadãos podem saber como se preparar para as catástrofes naturais mas, por razões desconhecidas, nem sempre agem de forma prudente quando necessário. Um exemplo disso é o facto de não se abrigarem durante um aviso de tornado. No entanto, talvez seja como Perry e Lindell

(2003) observaram que, no que diz respeito à comunicação de riscos e crises, os grupos culturais diferem de grupo para grupo com base nas suas percepções únicas, o que também poderia dar verdade à preparação para catástrofes e emergências não significando a mesma coisa em todas as raças e culturas.

Shiu-Thornton, Balaris, Senturia, Tamayo e Oberle (2007) concluíram que a catástrofe é um tema tabu em alguns grupos linguísticos. Para outros grupos culturais, uma catástrofe não pode ser prevista. Além disso, Shiu-Thornton, Balaris, Senturia, Tamayo e Oberle (2007) também concluíram que, para algumas culturas, a preparação não existe como conceito ou crença e, por conseguinte, não é evitada. Isto variava consoante a história da migração, a língua e os sistemas de crenças. (2009) concluíram que é necessário desenvolver e utilizar programas de preparação para catástrofes culturalmente adequados para reduzir as disparidades. Os imigrantes hispânicos são particularmente vulneráveis a catástrofes porque não estão preparados para catástrofes ou emergências e enfrentaram muitas barreiras significativas, pelo que são desproporcionalmente afectados por elas (Messias, Barrington e Lacy, 2012).

Resumo

Ho, Lin e Chiu (2008) referiram que era importante reconhecer que as medidas de atenuação de carácter técnico não eram suficientes para evitar perdas devastadoras. Em vez disso, era importante compreender o sistema humano e a forma como as vítimas de perigos naturais percepcionam o risco, incluindo populações vulneráveis como os hispânicos. É com o entendimento de que, com base na perceção de risco de um indivíduo, de uma comunidade ou de uma população, a resposta a uma catástrofe natural ou a uma emergência variará consoante a perceção de risco. Este estudo de investigação procurou explorar e identificar as percepções, os pensamentos e as experiências dos imigrantes hispânicos que passaram por catástrofes naturais e emergências em Oklahoma, bem como a sua perceção do risco de lesões.

Capítulo 3: Método de investigação

Introdução

O objetivo deste estudo fenomenológico descritivo foi explorar e identificar as percepções, os pensamentos e as experiências de imigrantes hispânicos que passaram por catástrofes naturais e emergências em Oklahoma, especificamente tornados. Explorei a perceção do risco de ferimentos, as crenças, as atitudes e as percepções das catástrofes naturais e das emergências. Este estudo centrou-se nas experiências vividas pelos participantes do estudo, a fim de obter uma compreensão aprofundada do planeamento da preparação para catástrofes e emergências vivido pelos imigrantes hispânicos. Este capítulo inclui uma descrição pormenorizada da conceção e fundamentação da investigação, o meu papel na investigação e a metodologia que utilizei, uma discussão sobre a fiabilidade e considerações éticas e um resumo.

Conceção e justificação da investigação

Questões de investigação

A questão central da investigação respondida neste estudo foi: quais são as percepções, pensamentos e experiências dos imigrantes hispânicos relativamente à perceção do risco de lesões e ao conhecimento dos comportamentos de preparação para tornados? O HBM orientou o desenvolvimento de cinco questões de investigação específicas:

RQ1. Quais são as percepções, pensamentos e experiências dos imigrantes hispânicos relativamente ao seu risco pessoal de lesões durante uma catástrofe natural?

RQ2. Quais são as percepções, pensamentos e experiências dos imigrantes hispânicos relativamente a abrigos seguros durante uma catástrofe natural? RQ3. Quais são as percepções, pensamentos e experiências dos imigrantes hispânicos relativamente ao desenvolvimento de um plano de emergência familiar para se prepararem para uma catástrofe natural?

RQ4. Quais são as percepções, pensamentos e experiências dos imigrantes hispânicos relativamente à criação de um kit de emergência familiar para se prepararem para uma catástrofe natural?

RQ5. Quais são as percepções, pensamentos e experiências dos imigrantes hispânicos relativamente à forma de evitar danos pessoais ou perda de recursos pessoais durante uma catástrofe natural?

Fenómeno de interesse

O fenómeno de interesse neste estudo de investigação foram as experiências vividas pelos imigrantes hispânicos que vivem em Oklahoma City, Oklahoma e nas comunidades circundantes. Esta área geográfica engloba a Área Estatística Metropolitana de Oklahoma City (SMSA). Este estudo de investigação procurou explorar este fenómeno para aumentar o nível de compreensão relativamente às percepções de risco e possíveis lesões, bem como a auto-eficácia, no que se refere à preparação para catástrofes e emergências.

Tradição de investigação

Um método de investigação qualitativa que utiliza uma conceção fenomenológica descritiva forneceu os fundamentos filosóficos para este estudo de investigação. Moustakas (1994) defende que os investigadores fenomenológicos devem concentrar-se na essência das experiências vividas pelos indivíduos e, sobretudo, na totalidade dessas experiências. Moustakas baseia-se em algumas das ideias filosóficas de Husserl, que há muito é considerado o fundador da fenomenologia (Shosha, 2012; Simon & Goes, 2014). Giorgi

(2009) é outro fenomenólogo bem conhecido, a quem se atribui o surgimento da

investigação fenomenológica descritiva, que visa estudar a essência dos fenómenos tal

como aparece na consciência (Finlay, 2009).

Fundamentação da tradição escolhida

A abordagem fenomenológica descritiva qualitativa foi selecionada para este estudo de

investigação, pois considero que foi o método mais eficaz para responder às minhas

questões de investigação (Mortari, 2008; Romo, 2011). A investigação qualitativa é tão

vital e fundamental para a elaboração de políticas e para a prática como a investigação

quantitativa que facilita a mudança social (Hammersley, 2000). O objetivo deste estudo foi

explorar um fenómeno tal como é vivido por um grupo de indivíduos, que são imigrantes

hispânicos, e compreender a essência das suas experiências vividas, bem como descrever

na íntegra o que a experiência (fenómeno) significou para os participantes do estudo

(Sadala & Adorno, 2002). A abordagem fenomenológica forneceu uma descrição textual

espessa da experiência vivida de catástrofes naturais e emergências vividas por imigrantes

hispânicos.

Papel do investigador

Nos estudos qualitativos, o investigador é a "ferramenta" ou o "instrumento" através do

qual os dados são recolhidos para um estudo de investigação (Casey, Eime, Payne, &

Harvey, 2009). Na investigação qualitativa, o investigador situa-se no estudo, assumindo

um papel ativo ao longo de cada processo do estudo de investigação e dando voz aos participantes no estudo que partilham as suas próprias experiências vividas relativamente aos fenómenos de interesse (Willig, 2007). O meu papel como investigador neste estudo consistiu em localizar os participantes no estudo, realizar entrevistas com os participantes no estudo, transcrever, analisar e codificar os dados para análise. Procurei realizar este estudo de uma forma que fosse o menos perturbadora e intrusiva possível para os participantes no estudo. A fim de delinear e limitar os meus preconceitos, esforcei-me por pôr de lado os meus próprios pensamentos, sentimentos e percepções enquanto trabalhava na Divisão de Preparação e Resposta a Emergências do Departamento de Saúde do Oklahoma.

Reconhecer os próprios preconceitos e crenças, juntamente com a compreensão de que nunca se pode presumir que se compreende a experiência pessoal de outro indivíduo, significa a necessidade de os participantes assumirem a liderança na partilha das suas próprias experiências na investigação qualitativa (Daly, 2007; Wickstrom, 2009). Neste estudo, coloquei entre parêntesis as minhas pressuposições e suposições antes de iniciar o estudo, num esforço para diminuir a minha subjetividade e parcialidade e, por conseguinte, aumentar a fiabilidade dos resultados do estudo (Colaizzi, 1978). Para o efeito, considerei cuidadosamente os meus próprios pressupostos relativamente ao que os participantes no estudo poderiam acreditar sobre as catástrofes naturais.

Metodologia

População da amostra

A população deste estudo de investigação era constituída por imigrantes hispânicos com 18 anos de idade ou mais. Os participantes no estudo eram homens e mulheres que viviam em Oklahoma City, Oklahoma e SMSA, e que tinham sofrido os efeitos das condições climatéricas de crise comuns em Oklahoma durante a primavera de 2013.

Critérios de seleção dos participantes

Os critérios para a seleção dos participantes e a participação neste estudo de investigação estavam alinhados com as questões de investigação e a população recrutada para participar neste estudo de investigação era capaz de responder às questões de investigação. Os participantes foram delimitados a imigrantes hispânicos. Os participantes do sexo masculino e feminino com idade igual ou superior a 18 anos, que se identificaram como sendo de etnia hispânica e que tinham sofrido os efeitos das condições climatéricas de crise durante a primavera de 2013, enquanto residiam em Oklahoma City, Oklahoma, ou na SMSA circundante, eram elegíveis para participar no estudo.

Identificar/Justificar a estratégia de amostragem

A estratégia de recrutamento selecionada para o estudo de investigação foi o recrutamento intencional e a amostragem em bola de neve. A amostragem em bola de neve começou com o primeiro participante do estudo entrevistado neste estudo de investigação. Há duas justificações para a seleção da amostragem intencional. A primeira é que a amostragem intencional é intrínseca à investigação qualitativa porque permite aos investigadores escolher indivíduos que viveram os fenómenos que estão a ser explorados, neste caso as catástrofes naturais. Por conseguinte, os participantes no estudo são mais representativos e podem fornecer dados ricos. A amostragem intencional é também utilizada pelos investigadores qualitativos para selecionar os participantes que melhor podem fornecer uma compreensão das questões de investigação colocadas e do fenómeno

central para o estudo de investigação que está a ser realizado. Outra justificação para a

seleção da estratégia de amostragem intencional é que a abordagem de conceção de estudo

da fenomenologia significa que todos os participantes têm de ter vivido o fenómeno a

explorar (Englander, 2012). A amostragem em bola de neve permitiu-me recrutar

potenciais participantes adicionais no estudo através da obtenção de informações de

contacto do participante no estudo atual entrevistado de potenciais participantes adicionais.

Participantes que satisfazem os critérios de participação

Os potenciais participantes no estudo que responderam ao folheto de recrutamento

preenchiam os critérios de participação neste estudo de investigação se preenchessem os

seguintes critérios de inclusão:

1. Eram imigrantes hispânicos nos Estados Unidos.

2. Identificaram-se como sendo de etnia hispânica.

3. Os participantes eram do sexo masculino ou feminino e tinham 18 anos de

idade ou mais.

4. As condições climatéricas foram de crise durante a primavera de 2013.

5. Residiam em Oklahoma City, Oklahoma, ou na área SMSA circundante.

Justificação e número de participantes

O número de participantes do estudo recrutados para este estudo de investigação foi de

10 ou até à saturação. A justificação para o número de participantes no estudo baseou-se

nas recomendações de 5 a 10 participantes de outros investigadores e académicos que utilizaram a abordagem fenomenológica e realizaram entrevistas para a recolha de dados. A saturação ocorre quando não se obtêm novas informações dos participantes no estudo durante as entrevistas. Em vez disso, os dados repetitivos recolhidos são e serão os mesmos que os dados recolhidos de participantes do estudo previamente entrevistados (Onwuegbuzie, Dickinson, Leech, & Zoran, 2009). A justificação do número de participantes neste estudo permitiu uma quantidade óptima de recolha de dados. As entrevistas individuais proporcionaram tempo suficiente para apresentar as perguntas da entrevista aos participantes. O objetivo do estudo de investigação era facilitar a resposta à questão central da investigação e iluminar o fenómeno em estudo.

Procedimentos de identificação, contacto e recrutamento

Criei um folheto de recrutamento de voluntários em inglês e espanhol e, com a autorização de um diretor, afixei o folheto num local adequado. O folheto continha informações sobre o objetivo do estudo de investigação e os critérios de inclusão para participação. No folheto de recrutamento, indiquei o meu número de telefone, para que os potenciais participantes no estudo pudessem telefonar para se informarem sobre a participação no estudo de investigação. Durante a entrevista de pré-seleção, foram feitas apresentações e o objetivo do estudo foi reiterado. Durante a reiteração, foram abordadas questões de confidencialidade e cada potencial participante no estudo foi questionado para avaliar se cumpria o critério de inclusão na amostra.

Reservei um local central e de fácil acesso para realizar as entrevistas numa data e hora específicas e pertinentes para a recolha de dados. Quando um participante no estudo preenchia os critérios, informava-o da data, hora e local onde a entrevista seria efectuada.

Obtive o consentimento informado assim que o participante do estudo chegou para a sessão

de entrevista. O formulário de consentimento foi revisto com o participante do estudo à

chegada para a entrevista. Isto permitiu que o participante do estudo colocasse quaisquer

questões que tivesse e que as perguntas fossem respondidas antes do processo de entrevista.

Este procedimento serviu para aliviar quaisquer preocupações ou mal-entendidos que

qualquer participante do estudo pudesse ter tido antes da recolha de dados.

Relação entre a saturação e a dimensão da amostra

É essencial que um investigador compreenda a relação entre a saturação e a

dimensão da amostra, especialmente no que diz respeito à forma como esta afecta os dados

e a análise dos dados e, em última análise, os resultados de um estudo de investigação. A

dimensão da amostra da investigação qualitativa deve ser suficientemente grande para que

todas as percepções sejam descobertas, mas não deve ser tão grande que os dados se tornem

repetitivos. Os dados que se tornam repetitivos durante o processo de recolha de dados

significam saturação de dados. Quando ocorreu a saturação dos dados durante o processo

de recolha de dados, compreendi que não seriam descobertos novos temas (Carlsen &

Glenton, 2011). Por conseguinte, a dimensão da amostra do meu estudo foi suficiente para

explorar exaustivamente o fenómeno que está a ser explorado neste estudo.

Instrumento e fonte de recolha de dados

A conceção da investigação qualitativa utiliza perguntas de entrevista abertas e permite

à investigação fazer perguntas de seguimento para obter respostas mais aprofundadas e também clarificar as declarações do inquirido. A recolha de dados para esta abordagem consiste na recolha de dados de entrevistas, documentos (notas de campo tomadas durante cada entrevista) e observações (Englander, 2012). Também foram recolhidos dados a partir de notas de campo e observações. Utilizei um tradutor fluente em espanhol, cuja competência foi essencial para ajudar a traduzir durante as entrevistas com os participantes do estudo que não eram fluentes em inglês. Isto garantiu a exatidão da construção e tradução das perguntas da entrevista, a recolha de dados e a transcrição das cassetes áudio das entrevistas com os participantes do estudo que não falavam fluentemente inglês. Uma entrevista semi-estruturada facilitou a tradução de perguntas e respostas pelo tradutor entre os participantes e eu, enquanto investigador.

Dei formação ao tradutor sobre o método de investigação qualitativa, incluindo o seu papel na recolha de dados e na análise das entrevistas. O tradutor tinha concluído o Curso Nacional de

A formação do Instituto de Saúde que educa e informa sobre os sujeitos humanos na investigação. Foi vital para o sucesso do estudo de investigação que a tradutora tivesse uma compreensão suficiente da metodologia, bem como vital que a tradutora compreendesse plenamente o quão crucial era o seu papel no estudo e a importância de os dados serem traduzidos com exatidão. Também foi essencial que ela compreendesse a necessidade de traduzir os dados o mais rapidamente possível após a realização das entrevistas com os participantes do estudo que não eram fluentes em inglês. Realizei uma reunião de esclarecimento imediatamente após cada entrevista com a tradutora, a fim de obter as suas impressões sobre cada entrevistado e dar uma oportunidade à tradutora de discutir qualquer coisa que considerasse relevante e que pudesse não ter sido revelada na transcrição das transcrições dos participantes no estudo.

Embora o Conselho de Revisão Institucional (IRB) da Universidade Walden não exija uma credenciação específica da tradutora utilizada no estudo de investigação, trabalhei anteriormente com a tradutora durante 5 anos no Departamento de Saúde do Estado de Oklahoma (OSDH). Durante esse tempo, observei em primeira mão a sua competência na prestação de serviços de tradução. A tradutora possui uma certificação como tradutora, é fluente em espanhol e é de etnia hispânica.

As entrevistas pessoais realizadas durante aproximadamente 60 minutos permitiram um tempo adequado para as entrevistas aos participantes no estudo. Este período de tempo também permitiu a tradução das perguntas e das respostas dos participantes no caso de participantes do estudo não fluentes em inglês. Os participantes foram informados de que, durante a entrevista, podiam fazer uma pausa se precisassem. Os últimos 15 minutos da entrevista foram dedicados a cada um dos participantes do estudo para que saíssem da entrevista de uma forma transitoriamente suave. Cada entrevista começava com a informação de que os participantes podiam pedir para deixar de participar em qualquer altura. Tomei notas de campo durante cada entrevista como parte da recolha de dados da entrevista. Os participantes no estudo foram informados de que estava previsto um período de tempo no final da entrevista para responderem a quaisquer perguntas ou preocupações que surgissem durante a discussão da sua experiência vivida com catástrofes naturais e emergências. Este facto proporcionou uma saída ética, respeitosa e acolhedora para os participantes no estudo.

Suficiência da recolha de dados para responder à pergunta de investigação

Estava confiante de que as cinco perguntas de investigação e cada um dos seus subconjuntos de perguntas de entrevista eram suficientes para recolher todos os dados necessários para responder à pergunta central de investigação. As cinco perguntas de investigação e o subconjunto de perguntas de entrevista de cada pergunta de investigação estavam alinhados com a pergunta de investigação central. Além disso, é importante notar que a declaração do problema, a declaração do objetivo e as questões de investigação deste estudo de investigação se alinharam e facilitaram a resposta autêntica à questão central de investigação do estudo.

Plano de análise de dados

Adaptei os métodos de análise de dados utilizados por Moustakas (1994) e Giorgi (2009). A análise de dados qualitativos não é uma tarefa mecânica repetitiva. Em vez disso, é um empreendimento rigoroso e desafiante que permite aos investigadores explorar e obter um significado profundo e uma visão das complexidades das experiências vividas pelos indivíduos (Smith, 2011; Srivastava & Hopwood, 2009). Embora existam alguns programas de software que são úteis na análise de dados qualitativos, a análise de dados codificados à mão permitiu uma maior deteção de afirmações significativas. Esta precisão permitiu o agrupamento em unidades de significado e temas críticos para a fiabilidade do estudo (Crowston, Allen, & Heckman, 2012; Marshall & Friedman, 2012; Northway, 2013).

A análise da investigação qualitativa tem métodos específicos que são utilizados para a análise de dados específicos da abordagem qualitativa utilizada neste estudo de

investigação. A análise de codificação manual dos dados foi o método mais adequado para

a análise de dados do estudo de investigação e da população. Efectuei a análise dos dados

através da identificação de afirmações significativas consideradas unidades de significado,

que utilizei depois para identificar temas emergentes. Os temas contribuíram para o

desenvolvimento de uma descrição da essência da experiência do indivíduo. Foi efectuada

uma análise mais aprofundada, relacionando e coordenando os temas emergentes com os

constructos do modelo HBM. Isto proporcionou-me uma compreensão rica e

pormenorizada da perceção do risco de lesão e dos benefícios, barreiras e sugestões de ação

no planeamento familiar de emergência e na criação de um kit de emergência na população

estudada.

A população estudada de imigrantes hispânicos tinha uma terminologia específica da

sua etnia e cultura. Não quis perder a essência das experiências, percepções e crenças dos

participantes nos processos de análise de dados. O discurso das entrevistas não foi "limpo"

e a inserção de gramática para preencher quaisquer lacunas identificadas foi limitada para

manter a integridade do tom e do significado da resposta verbal (Frost, et al., 2011). A fase

inicial da análise de dados é a preparação dos dados para análise. Considerei que era

essencial para manter a integridade das respostas às perguntas da entrevista durante as

entrevistas que as transcrições fossem traduzidas no prazo de 72 horas após cada entrevista.

T rustworthiness

Credibilidade, transferibilidade e fiabilidade

A investigação qualitativa, mantida com o mesmo rigor e padrões que são pilares que sustentam os processos de investigação qualitativa, tem aumentado em frequência entre os cientistas sociais e comportamentais (Pereira, 2012). Consequentemente, os cientistas sociais e comportamentais analisam e escrutinam regularmente a validade dos estudos de investigação qualitativa. É fundamental que um investigador se comprometa a incorporar etapas na conceção do seu estudo de investigação que proporcionem um maior rigor da metodologia do estudo, o que, em última análise, contribui para aumentar a fiabilidade de um estudo de investigação.

Quando determinados procedimentos realizados resultam em triangulação, a validade de um estudo de investigação aumenta e contribui para a objetividade dos resultados do estudo de investigação (Schwandt, 2007). Este estudo utilizou o seguinte processo de três etapas para conseguir a triangulação:

1. Fita áudio de cada entrevista com os participantes.

2. Transcrição de registos áudio

3. Realização de um controlo dos membros com cada um dos participantes no estudo.

Lincoln e Guba (1985) afirmam que, ao realizar uma investigação qualitativa, a verificação dos membros é a técnica mais importante utilizada para estabelecer a credibilidade. A verificação dos membros permitiu um envolvimento prolongado com os participantes no estudo, o que aumentou a credibilidade e a transferibilidade. A triangulação entre os dados do estudo permite alcançar a fiabilidade e a credibilidade dos resultados e funciona para estabelecer a fiabilidade na investigação qualitativa (Guba & Lincoln, 1989).

Confirmabilidade

A confirmabilidade refere-se ao grau de neutralidade dos resultados do estudo de investigação. Isto significa o grau em que os resultados do estudo de investigação reflectem e são moldados pelos participantes do estudo e não pela parcialidade, motivação ou interesses do investigador (Robert Wood Johnson Foundation [RWJF], 2008). A triangulação das várias formas de dados, incluindo a gravação áudio de entrevistas pessoais e notas de campo, estabeleceu e reforçou a confirmabilidade no âmbito deste estudo de investigação.

Procedimentos éticos

Acordos para obter acesso à população

O primeiro acordo obtido foi a autorização do IRB da Universidade de Walden. A Walden University exigiu um pedido de proposta de investigação ao IRB. O pedido foi apresentado juntamente com todos os documentos de apoio antes de qualquer recrutamento ou recolha de dados. O IRB analisou minuciosamente o estudo de investigação proposto e a população da amostra proposta com base nos seus critérios para um estudo de investigação conduzido eticamente. Assim que o IRB da Walden University deu autorização, afixei folhetos de recrutamento de voluntários num local apropriado. Cópias do folheto de recrutamento de voluntários para a investigação e do formulário de consentimento informado, apresentados juntamente com a candidatura à proposta de investigação do IRB, foram vitais para o conhecimento e a sensibilização do IRB para a conceção da investigação proposta para este estudo. Avaliando todas as potenciais preocupações éticas, o IRB deve ter uma divulgação completa da conceção deste estudo de investigação, incluindo todos os documentos utilizados para este estudo de investigação.

Tratamento dos participantes humanos

Para este estudo de investigação, foram utilizados formulários de consentimento informado redigidos em inglês (Anexo B) e em espanhol (Anexo C). As duas versões divulgaram integralmente o objetivo do estudo, as expectativas dos participantes no estudo, a possibilidade de o participante decidir deixar de participar em qualquer momento do estudo sem receio de represálias, bem como a confirmação de que a identidade do participante permaneceria anónima. Cada participante foi identificado por um número de identificação e foram atribuídos pseudónimos para a recolha e análise de dados, a fim de preservar o anonimato. O número de identificação e o pseudónimo atribuídos identificaram cada participante individual ao longo do estudo de investigação. Informei o tradutor sobre as questões de privacidade dos participantes do estudo e pedi-lhe que assinasse um formulário de confidencialidade antes de servir como tradutor para este estudo. Num esforço adicional para preservar a confidencialidade dos participantes do estudo, suprimi qualquer menção ao apelido de um participante do estudo durante a transcrição das cassetes áudio e dos relatórios de análise.

A população vulnerável entrevistada para este estudo passou por situações extremas de stress e possíveis perdas. Por conseguinte, foi necessário ter o cuidado de identificar e antecipar quaisquer questões ou preocupações que possam ter surgido durante e após a entrevista. Esta população étnica vulnerável está sub-representada na investigação e a sua tendência é para ter receio de participar na investigação (Donner & Rodriquez, 2008). Por

conseguinte, era importante não só para este estudo de investigação, mas também para

futuros estudos de investigação, que a participação nesta experiência de estudo de

investigação fosse uma experiência ética e positiva. Esta experiência positiva poderia servir

para incentivar os participantes e outros hispânicos a participarem em futuros estudos de

investigação. Não existiam relações pessoais ou profissionais entre nenhum dos

participantes do estudo e eu, enquanto investigador.

Tratamento de dados

A proteção dos dados é vital para o êxito do estudo de investigação e, por isso, fiz

diariamente cópias de segurança dos dados num disco compacto (CD), numa pen drive e no

meu computador. A atividade de cópia de segurança ocorreu diariamente para evitar a

perda de dados e continuou até os resultados dos dados estarem completos. Quando

trabalhava e analisava os dados das entrevistas pessoais, imprimia uma cópia do trabalho e

colocava-a no cofre fechado à chave, o que evitava a possível perda de dados. Os dados

recolhidos estão a ser guardados num cofre fechado à chave durante cinco anos no meu

local de residência e serão imediatamente destruídos de acordo com a política da Walden

University após esse período de tempo. Os formulários de consentimento que contêm a

assinatura dos nomes dos participantes e o formulário de confidencialidade que contém a

assinatura do tradutor foram guardados e mantidos fechados à chave, separadamente do

diário do investigador, das notas de campo e das gravações áudio.

Resumo

Uma abordagem qualitativa, descritiva e fenomenológica, escolhida como a metodologia apropriada com base na questão central subjacente a este estudo de investigação, orientou este estudo de investigação. A questão central a que este estudo procurou responder foi: quais as percepções, pensamentos e experiências dos imigrantes hispânicos relativamente à perceção do risco de lesões e ao conhecimento dos comportamentos de preparação para catástrofes naturais? Foram realizadas entrevistas com imigrantes hispânicos que viveram condições climatéricas de crise na primavera de 2013. Os métodos de recolha de dados consistiram em entrevistas com cada participante do estudo, gravação e transcrição dos dados da entrevista, diário e notas de campo. Efectuei a análise dos dados através da codificação manual dos dados da investigação. A gestão dos dados consistiu no seu armazenamento num cofre fechado à chave, na proteção dos dados por palavra-passe no computador portátil e na pen drive, na criação de cópias de segurança dos dados numa pen drive e na impressão de uma cópia impressa dos dados para maior segurança. A cópia impressa actualizada dos dados é guardada num cofre fechado à chave, tendo as cópias mais antigas sido destruídas. As questões éticas e os procedimentos delineados e discutidos no Capítulo 3 consistem na divulgação completa do estudo aos participantes, no objetivo do estudo e na obtenção de assinaturas nos documentos de consentimento informado antes da participação no estudo de investigação. Assegurei que as medidas utilizadas ao longo do estudo de investigação mantinham os padrões éticos e de qualidade supervisionados pelo IRB da Walden University. O Capítulo 4 apresenta os resultados da análise dos dados.

Capítulo 4: Resultados

Introdução

O objetivo deste estudo fenomenológico descritivo foi explorar e identificar as

percepções, os pensamentos e as experiências de imigrantes hispânicos que passaram por

catástrofes naturais e emergências em Oklahoma, especificamente tornados. Explorei a

perceção do risco de ferimentos, as crenças, as atitudes e as percepções das catástrofes

naturais e das emergências. A questão central da investigação respondida neste estudo foi:

quais são as percepções, pensamentos e experiências dos imigrantes hispânicos

relativamente à perceção do risco de lesões e ao conhecimento dos comportamentos de

preparação para tornados? O HBM orientou o desenvolvimento de cinco questões de

investigação específicas:

RQ1. Quais são as percepções, pensamentos e experiências dos imigrantes hispânicos

relativamente ao seu risco pessoal de lesões durante uma catástrofe natural?

RQ2. Quais são as percepções, pensamentos e experiências dos imigrantes hispânicos

relativamente a abrigos seguros durante uma catástrofe natural?

RQ3. Quais são as percepções, pensamentos e experiências dos imigrantes hispânicos

relativamente ao desenvolvimento de um plano de emergência familiar para se prepararem

para uma catástrofe natural?

RQ4. Quais são as percepções, pensamentos e experiências dos imigrantes

hispânicos

relativamente à criação de um kit de emergência familiar para se preparar para uma catástrofe natural? RQ5. Quais são as percepções, pensamentos e experiências dos imigrantes hispânicos relativamente à forma de evitar danos pessoais ou perda de recursos pessoais durante uma catástrofe natural?

Este capítulo inclui informações sobre a minha amostra de participantes e o processo que utilizei para efetuar as entrevistas. Este capítulo é completado com mais informações sobre a análise dos dados e as provas de fiabilidade, bem como com um resumo final. A conclusão inclui uma introdução ao Capítulo 5, que se centra na interpretação dos resultados, nas limitações do estudo, nas recomendações e nas implicações do estudo.

Definição

Realizei 10 entrevistas presenciais com os participantes num local que considerei ser de fácil acesso para eles. Escolhi um local aberto ao público e que dispunha de salas privadas e escritórios para alugar. O escritório onde realizei as entrevistas tinha temperatura controlada e estava situado a uma temperatura ambiente confortável. Escolhi este local porque estava perto de vários pontos de referência da cidade que são facilmente reconhecíveis mesmo que não se fale ou leia inglês. Os participantes no estudo que não falavam ou liam inglês indicaram que já estavam familiarizados com os pontos de referência da cidade perto do local onde realizei as entrevistas. Por conseguinte, os participantes no estudo não tiveram dificuldades em localizar o local. Todos os participantes do estudo chegaram a horas às entrevistas marcadas. Marquei as entrevistas para uma hora, com a ressalva de que a entrevista poderia ser mais curta ou mais longa do que uma hora. As entrevistas variaram entre 45 minutos e 1 hora e meia.

Dados demográficos

Dez indivíduos concordaram em participar neste estudo de investigação. Todos os participantes do estudo se identificaram como hispânicos, sendo que dois participantes

falam apenas espanhol e necessitaram de um tradutor durante o processo de pré-seleção e a

entrevista subsequente. Participaram neste estudo de investigação sete mulheres e três

homens com idades compreendidas entre os 23 e os 64 anos. Todos os participantes do

estudo eram casados e tinham filhos com idades compreendidas entre os 6 meses e os filhos

adultos de meia-idade. Entre os participantes masculinos, um estava reformado, um

trabalhava na construção civil e um trabalhava como rececionista e tradutor. Duas das

participantes do sexo feminino trabalhavam como prestadoras de cuidados infantis; cinco

mulheres trabalhavam como recepcionistas, três das quais também eram tradutoras nos seus

locais de trabalho.

Todos os participantes do estudo tinham migrado de outro país para Oklahoma. Na

altura do estudo, residiam na cidade de Oklahoma, Oklahoma, ou nos arredores da SMSA.

Todos os participantes tinham vivido as condições climatéricas de crise que ocorreram na

primavera de 2013 em Oklahoma City, Oklahoma ou nos arredores da SMSA. Não havia

condições organizacionais que influenciassem os participantes nem estes tinham qualquer

experiência na altura do estudo que pudesse ter influenciado a interpretação dos resultados

do estudo.

Recolha de dados

Depois de obter a autorização do IRB da Walden University para realizar o estudo de

investigação, afixei folhetos de recrutamento de voluntários para a investigação num local

apropriado. Dez potenciais participantes contactaram-me, solicitando mais informações

sobre o estudo de investigação.

Posteriormente, todos os 10 declararam que gostariam de participar no estudo e perguntaram se cumpriam os critérios de inclusão para participar no estudo. Todos os 10 participantes foram pré-seleccionados utilizando o questionário de pré-seleção de cinco perguntas. Informei os potenciais participantes sobre o objetivo do estudo de investigação e discuti a confidencialidade, bem como informei cada potencial participante de que a sua participação era voluntária. Depois de determinar que os participantes satisfaziam os meus critérios de estudo, marquei as datas e horas das entrevistas.

Aluguei um escritório, que ficava perto de vários pontos de referência da cidade facilmente identificáveis, para poder realizar as entrevistas. Todos os 10 participantes chegaram a horas às entrevistas agendadas e foram recebidos pelo intérprete e por mim. À chegada, dei a cada participante um cartão de oferta de 20 dólares do Wal-Mart, que tinha sido aprovado pelo IRB da Universidade Walden, como incentivo à participação no estudo de investigação. O intérprete esteve disponível durante todas as entrevistas, caso um participante não entendesse uma pergunta feita em inglês ou eu precisasse de esclarecimentos sobre a resposta de um participante a uma pergunta da investigação.

Depois de dar as boas-vindas aos participantes, de fazer as apresentações e de entregar o cartão-presente de 20 dólares a cada participante que se apresentasse para a entrevista, revi o formulário de consentimento informado com cada participante. Expliquei o processo da entrevista e o procedimento de verificação dos membros aos participantes no estudo. Reiterei também que a participação era voluntária e que podia ser interrompida em qualquer altura sem receio de repercussões negativas ou represálias. As perguntas feitas pelos participantes foram respondidas e os esclarecimentos foram dados quando necessário. O intérprete traduziu, sempre que necessário, para os dois participantes no estudo que não eram fluentes em inglês. Entreguei a cada participante uma cópia do formulário de

consentimento informado assinado para os seus registos. Recolhi dados com a utilização de

gravadores áudio, tendo a entrevista de cada participante no estudo sido gravada após ter

recebido o consentimento para a gravação áudio da entrevista. Também recolhi dados

através de notas de campo e de observações durante cada entrevista individual.

As entrevistas foram marcadas em blocos de uma hora, com a explicação de que

poderiam ser mais curtas ou mais longas, dependendo de cada entrevista individual. A

entrevista mais curta foi de 45 minutos e a mais longa de 1 hora e meia. As entrevistas mais

longas foram realizadas quando o tradutor foi utilizado para facilitar a comunicação durante

o processo de entrevista com os participantes que não eram fluentes na língua inglesa.

Nenhum participante pediu para deixar de participar no estudo. No final de cada entrevista,

perguntei a cada participante se tinha alguma dúvida ou preocupação. Não foram colocadas

quaisquer questões ou preocupações no final das entrevistas, nem foram expressas

quaisquer preocupações.

As entrevistas foram marcadas e conduzidas com cada participante e, após a conclusão

da entrevista, foi marcado outro encontro com o participante para que este regressasse ao

mesmo local à hora marcada, de modo a poder ser efectuada a verificação dos membros

com o participante no estudo. Mais uma vez, todos os dez participantes chegaram a horas e

eu fiz a verificação dos membros com cada participante. O intérprete traduziu para mim

durante os procedimentos de verificação dos membros para os dois participantes do estudo

que não falavam inglês fluentemente. Não foram necessárias revisões, uma vez que todos

os dez participantes afirmaram que eu estava correcta na interpretação das suas respostas e

dos seus significados. Além disso, é importante notar que não ocorreu qualquer variação na recolha de dados e que os dados foram recolhidos pelo investigador conforme planeado e indicado no Capítulo 3. Também não se verificaram quaisquer circunstâncias invulgares durante o processo de recolha de dados.

Análise de dados

A análise de dados para o estudo começou durante as entrevistas aos participantes, quando comecei a identificar mentalmente as unidades de significado recorrentes e a tomar notas de campo. Também transcrevi a gravação áudio de cada entrevista dos participantes no prazo de 72 horas após a entrevista. Moustakas (1994) afirmou que um investigador deve familiarizar-se com os seus dados de investigação. As transcrições foram lidas cuidadosamente para garantir a sua exatidão enquanto se ouviam as entrevistas gravadas em áudio aos participantes e, em seguida, as transcrições foram novamente lidas na íntegra (Giorgi, 2009). As notas de campo e de observação foram incorporadas nas transcrições dos participantes. A fim de manter a máxima confidencialidade dos participantes, cada participante foi reconhecido por um número de participante e um pseudónimo.

Codifiquei manualmente os dados das entrevistas, o que facilitou o início do processo de identificação inicial das unidades de significado. Criei uma folha de cálculo de temas em Excel e introduzi as unidades de significado na folha de cálculo. Este procedimento permitiu que os temas emergentes se manifestassem e fossem identificados. Realizei uma análise mais aprofundada, relacionando e coordenando os dados com os constructos do modelo HBM, o que facilitou a resposta às questões de investigação do estudo. Os temas que identifiquei contribuíram para o desenvolvimento de uma descrição rica e densa da essência das experiências vividas pelos participantes com tornados na sua área geográfica residencial em Oklahoma.

Questão de investigação 1: "Quais são as percepções, pensamentos e experiências dos imigrantes hispânicos relativamente ao seu risco pessoal de lesões durante uma catástrofe natural?" Durante a análise dos dados, surgiram os seguintes temas da pergunta de investigação 1: Os participantes tinham sofrido vários tornados quando viviam em Oklahoma City e nos arredores de SMSA. Os participantes tinham sofrido inundações repentinas, ventos fortes e granizo; os participantes acreditavam que um tornado podia causar lesões corporais e tinha o potencial de ser fatal; e os participantes indicaram que sentiam angústia emocional devido ao medo de possíveis lesões ou morte durante um tornado.

Questão de investigação 2: "Quais são as percepções, pensamentos e experiências dos imigrantes hispânicos relativamente a abrigos seguros durante uma catástrofe natural?" A pergunta de investigação 2 fez emergir os seguintes temas durante a análise dos dados: locais de abrigo, segurança, união da família, paz de espírito, barreira linguística, inundação da cave, medo de ferimentos/morte devido a experiências passadas e outras experiências, papel do cônjuge no planeamento da preparação e compra do abrigo.

Questão de investigação 3: "Quais são as percepções, pensamentos e experiências dos imigrantes hispânicos relativamente ao desenvolvimento de um plano de emergência familiar para se prepararem para uma catástrofe natural?" Durante a análise dos dados, surgiram os seguintes temas para a pergunta de investigação 3: tem um plano de emergência familiar, não tem um plano de emergência familiar, o plano pode mantê-lo seguro, nunca ouviu ou viu informações sobre como criar um plano de emergência familiar, quer que eu e a minha família estejamos seguros e tem um plano verbal.

Questão de investigação 4: "Quais são as percepções, pensamentos e experiências dos imigrantes hispânicos relativamente à criação de um kit de emergência familiar para se prepararem para uma catástrofe natural?" Durante a análise dos dados, surgiram os seguintes temas para a pergunta de investigação 4: tem um kit de emergência, não tem um kit de emergência, presta cuidados a um ferido após um tornado, não sabe o que é necessário para criar um kit de emergência, utilizou o seu kit de emergência e planeia criar um kit de emergência.

Questão de investigação 5: "Quais são as percepções, pensamentos e experiências dos imigrantes hispânicos relativamente à forma de evitar danos pessoais ou perda de recursos pessoais durante uma catástrofe natural?" A pergunta de investigação 5 teve os seguintes temas durante a análise dos dados: perda de recursos pessoais e de recordações pessoais da família devido a um tornado e a inundações, ter um plano de emergência familiar e um kit de emergência seria útil para evitar ferimentos e perda de recursos pessoais, e acções de preparação baseadas em experiências passadas com tornados.

Caso discrepante

Houve apenas um caso discrepante possível, que ocorreu com o Participante 2. Embora todas as suas respostas fossem congruentes em todos os dados, este participante foi o único que ouviu falar da volatilidade dos tornados de Oklahoma e do risco de ferimentos e morte ao passar por um tornado antes de emigrar de outro país para os Estados Unidos. Com base nessa informação, comprou intencionalmente uma casa com um abrigo contra tornados já instalado. Este facto contrasta diretamente com os outros nove participantes no estudo, que afirmaram não ter ouvido falar de tornados nem nunca terem passado por um tornado no país de onde emigraram. No entanto, este caso contrastante de dados não influenciou os resultados da análise de dados e pôde ser codificado no âmbito do constructo HBM "auto-eficácia", tendo sido incluído na análise de dados.

Prova de fiabilidade

Credibilidade, transferibilidade e fiabilidade

A fim de obter fiabilidade, foram obtidas dos participantes, durante as entrevistas, descrições densas nas respostas às perguntas da entrevista. A verificação dos membros foi efectuada com cada um dos participantes. A verificação dos membros ocorre quando o participante revê os dados da entrevista após a análise dos dados ter sido efectuada para garantir a fiabilidade e a validação dos dados da entrevista dos participantes. Lincoln e Guba (1985) afirmaram que a verificação dos membros é a técnica mais crítica utilizada para estabelecer a credibilidade. As verificações dos membros com cada participante permitiram um envolvimento prolongado com cada participante, aumentando assim a credibilidade e a transferibilidade deste estudo. Num esforço para obter maior transferibilidade, documentei a estratégia e o processo de amostragem, o método de recolha de dados e o processo que utilizei para a análise dos dados.

Foi igualmente efectuada uma observação persistente que também aumentou a credibilidade. A triangulação aumenta a validade deste estudo, contribuindo simultaneamente para a objetividade dos resultados do estudo de investigação. A triangulação dos dados foi conseguida através da utilização de um processo em três etapas de triangulação de vários tipos de dados, incluindo as cassetes de áudio de cada entrevista dos participantes, o texto transcrito de cada gravação de cassete de áudio e as verificações dos membros para verificar a consistência e a exatidão dos dados. As notas de campo e as notas de observação também foram verificadas quanto à sua exatidão. Documentei cada etapa do processo de investigação, o que demonstra fiabilidade. Esta documentação também forneceu a justificação para o estudo de investigação, bem como a conceção do estudo de investigação, a estratégia de recrutamento, a recolha de dados e a análise de dados.

Confirmabilidade

O grau de neutralidade dos resultados de um estudo refere-se à confirmabilidade, que se correlaciona com o grau em que os resultados do estudo não têm preconceitos, motivações ou interesses do investigador e são, em vez disso, reflectidos e moldados pelos participantes (RWJF, 2008). Coloquei entre parênteses os meus próprios pensamentos, experiências e suposições para que a voz dos participantes fosse autenticamente reflectida nos resultados do estudo. Além disso, os construtos do HBM orientaram o desenvolvimento das perguntas da pesquisa e da entrevista, o que diminuiu o viés do pesquisador e aumentou a confirmabilidade. Além disso, eu codifiquei os dados para cada um dos construtos do HBM, fundamentando ainda mais este estudo na teoria e alcançando maior confirmabilidade.

Resultados

Apliquei o quadro teórico e concetual do HBM à codificação e análise temática dos dados das entrevistas. A aplicação da análise temática aos constructos do HBM permitiu-me obter a essência da experiência vivida pelos participantes do estudo com tornados e a perceção do risco de ferimentos causados por um tornado. Apresento os resultados por ordem cronológica das questões de investigação do estudo.

Questão de investigação 1

As perguntas da entrevista para a pergunta de investigação 1 foram as seguintes "Que experiência tem com um tornado e com as condições meteorológicas, como ventos fortes, inundações repentinas e granizo, que podem ocorrer durante esse período?" e "Que risco de ferimentos acha que tem quando se trata de um tornado e das condições meteorológicas que podem ocorrer durante esse período?"

Suscetibilidade percebida de sofrer uma lesão

Dez dos dez participantes no estudo afirmaram que, desde que emigraram para Oklahoma, estiveram em várias situações de tornado, incluindo o tornado da primavera de 2013 e as condições meteorológicas de crise que o acompanharam (inundações repentinas, ventos fortes e granizo). A primeira experiência de dois dos participantes com um tornado foi enquanto caminhavam numa rua e, como nunca tinham passado por um tornado antes, não sabiam que medidas tomar para se protegerem. O participante 1 forneceu esta informação:

Estava a descer a rua para ir trabalhar e tudo aconteceu. O tornado estava a vir na minha direção e eu não sabia para onde ir porque estava na rua. Não foi apenas um tornado, foram muitos tornados.

No entanto, sete participantes estavam em casa quando sofreram o seu primeiro tornado. A participante 10 explicou a sua primeira experiência com um tornado depois de ter emigrado para Oklahoma:

Quando cheguei aqui, não sabia como estava o tempo porque achei que estava bonito, porque sentia a humidade. Abri as portas e pensei: "Oh, é tão bonito." Toda a gente gritava para eu me abrigar porque estávamos sob vigilância de um tornado. Eu não fazia ideia do que era, de todo. As sirenes estavam a tocar e eu não fazia ideia do que estava a acontecer.

A resposta da Participante 8 está de acordo com a dos outros participantes, que experimentaram o seu primeiro tornado em casa e não sabiam que medidas de proteção tomar. Explicou que estava preocupada porque tinha sido avistado um tornado e os seus filhos estavam na escola e não em casa com ela na altura:

Estávamos a 20 de maio de[th] e eu estava em casa, em Moore. Os meus filhos estavam na escola e eu não sabia mesmo o que fazer. Não sabia se devia ir buscar os meus filhos. Mas eles [a escola] disseram-me que não precisavam da minha ajuda. Fui buscá-los na mesma.

Nove em cada 10 participantes relataram que, ao passar por um tornado, sentiram-se emocionalmente angustiados pelo medo de se ferirem ou morrerem devido a um tornado. Uma das participantes descreveu os seus sentimentos como a primeira grande preocupação que alguma vez teve. A participante 5 explicou: "Com um tornado em Moore, foi a minha primeira grande preocupação. Não estou habituada a estes perigos... Fiquei com medo". Além disso, o participante 10 declarou: "Ouvia-se o granizo a bater na porta da garagem. Isso foi muito assustador e voltámos a entrar. Estávamos com medo e não queríamos sair do abrigo contra tempestades." Três participantes demonstraram angústia quando estavam a recordar as suas experiências com um tornado. A participante 1 começou a torcer as mãos ao afirmar: "Estava toda a gente na casa de banho e estávamos em pânico." Além disso, os olhos do participante 6 ficaram húmidos de lágrimas quando ele disse: "Toda a família estava assustada." Por outro lado, as mãos da participante 4 começaram a tremer e a sua voz foi subindo progressivamente de tom à medida que contava a sua experiência com o tornado em Moore que destruiu a sua casa, afirmando: "Ainda tenho muito medo. Tenho stress pós-traumático devido ao que aconteceu".

Gravidade percebida de uma lesão

O estudo revelou que 10 em cada 10 participantes acreditavam que eram susceptíveis de sofrer ferimentos graves ou fatais durante um tornado e as condições meteorológicas de crise que o acompanham. O Participante 1 declarou: "Pode matar-nos [o tornado]. Acontecem rapidamente e podem destruir qualquer coisa ou pessoa no seu caminho". Houve consenso entre os participantes quanto ao grau de gravidade dos ferimentos que podem ocorrer durante um tornado. Por exemplo, a participante 4 expressou a sua convicção relativamente à gravidade dos ferimentos que podem ocorrer durante um tornado quando afirmou: "Há todo o tipo de ferimentos. Eles [os tornados] podem atirar-nos. Todo o tipo de ferimentos. Eles [tornados] podem fazer coisas, deixar-te cair e bater-te com coisas. Todos os tipos [de ferimentos]". Além disso, a participante 10 explicou como é que ela percebe o grau de gravidade de um ferimento que pode ocorrer durante um tornado: Agora sei que tudo o que entra num tornado, se nos atinge, é um projétil. É muito forte e vai atingir-nos e é isso que é mau nos tornados. Com o vento tão forte, tudo, mesmo o mais pequeno, apanha coisas mais pesadas e, se nos atingirem, estamos feitos. Se tiveres sorte, podes ficar ferido, mas estarás vivo. Os tornados podem causar a morte.

Questão de investigação 2

As perguntas da entrevista para a pergunta de investigação 2 foram: "Sabe onde se situa o abrigo seguro mais próximo de si?" "Sabe como localizar um abrigo seguro?" "Pode dizer-me, por favor, como acha que faria para localizar um abrigo seguro?" **Abrigo**

Os resultados revelaram que os participantes no estudo se abrigam em vários locais, tais como numa área específica da sua casa, dentro de um abrigo contra tornados ou na cave da sua casalocal, no abrigo contra tornados ou na cave de um amigo ou familiar, ou num local público disponível, como uma igreja da zona que o participante saiba estar aberta ao público. Dez em cada 10 participantes afirmaram que, no passado, tentaram e continuam a tentar localizar e abrigar-se algures durante um tornado. O participante 4 explicou: "Agora não ficamos à espera. Sei quando está a chegar [o tornado] e vamos para lá. Não há muito tempo para lá chegar". Além disso, o participante 1 disse: "Tenho uma igreja ao lado e eles estão sempre dispostos a deixar as pessoas irem para lá." Vários dos participantes abrigam-se com a família e os amigos. O participante 6 explica: "Tenho alguns amigos que têm abrigos e recebem-me sempre a mim e à minha família." Do mesmo modo, o participante 3 declarou: "Utilizo o abrigo dos meus sogros e da casa da minha irmã."

Benefícios percebidos do abrigamento

Dez em cada 10 participantes afirmaram que os benefícios do abrigo significavam segurança para eles próprios e para as suas famílias. O participante 10 verbalizou: "Para mim, um abrigo contra tempestades significa segurança. Significa que vamos estar a salvo durante a tempestade e acho que todas as casas novas deviam ter um". Além disso, o participante 9 declarou: "Vamos estar em segurança. A minha filha e as minhas netas vêm cá a casa e vamos juntas para o abrigo." A participante 4 viu a sua casa destruída em Moore por um tornado e, com a perda da casa, perdeu preciosas relíquias de família e documentos legais. Devido à sua experiência, desenvolveu também uma perturbação de stress pós-traumático. Explicou: "O que se passa é que quando eles [o tornado] nos levam a casa, levam-nos as memórias. A casa pode ser recuperada, poupada e comprada outra, mas não as memórias." Agora, a participante 4 guarda os objectos de valor da família em recipientes de plástico e leva-os para o abrigo quando a família vai para o abrigo, para não perder mais objectos de valor da família.

Oito dos 10 participantes afirmaram que estavam preocupados com os seus familiares durante um tornado e expressaram a importância de a família estar junta, abrigada em conjunto, durante um tornado. O Participante 9 expressou: "Sim; estávamos de mãos dadas e ficámos juntos. Foi um momento assustador, mas também um momento feliz, porque estávamos todos juntos em casa, com o colchão sobre as nossas cabeças." Os resultados também demonstram que muitos participantes e membros da família comunicam (por exemplo, por telefone) e planeiam onde se encontrar durante as condições meteorológicas de crise. Também telefonam para saber como estão os outros durante um tornado. Consequentemente, o participante 7 expressou preocupação quando a sua irmã não estava com o resto da família no abrigo e não podia ser contactada por telefone para ver como ela estava:

A minha irmã também estava a viver em Moore na altura em que o tornado passou pela casa dela. Quando houve cortes de energia e não consegui contactá-la, fiquei muito, muito assustada, porque nessa altura ela tinha um bebé pequeno.

Quatro dos 10 participantes também expressaram que um abrigo dá paz de espírito a uma pessoa. O participante 2 disse: "Significa segurança e paz. Não queria andar à procura de um sítio para onde ir quando ouvisse uma sirene de tornado. Vejo pessoas a fazer isso e não é seguro". Além disso, o participante 4 explicou: "Agora tenho todos os meus papéis em recipientes de plástico, as recordações dos meus filhos, as minhas fotografias. A minha neta trouxe os seus brinquedos e as suas roupas no seu pequeno cesto. Agora já não tenho ansiedade, sinto-me melhor, em paz." **Barreiras percebidas ao abrigo**

O estudo revelou a existência de múltiplas barreiras sentidas pelos participantes quando se trata de se abrigarem durante um tornado. Seis dos 10 participantes identificaram a língua como uma barreira. O participante 7 afirmou que liga frequentemente a televisão quando soa uma sirene de tornado, mas não sente que esteja a receber informações meteorológicas actuais e completas:

Ponho a televisão no noticiário espanhol, mas mesmo assim acho que não estou a receber toda a informação de que preciso. Penso que nem sempre é relevante para o que se está a passar com o tempo naquele momento. Por vezes, estão atrasados em relação ao que se está a passar. Esta é uma das coisas que me preocupa.

A participante 10 contou como, quando emigrou pela primeira vez para os Estados Unidos, não sabia nada de inglês. Depois de ter passado algum tempo em Oklahoma, de ter passado por tornados e de ter ouvido informações meteorológicas sobre crises em inglês, aprendeu progressivamente um pouco de inglês e inventou informações sobre o que achava que devia ser a língua inglesa para ouvir e compreender informações meteorológicas sobre crises. Afirmou: "Aprendi um pouco mais de inglês e consegui perceber um pouco, não muito, algumas palavras que percebi e outras que inventei na minha cabeça o que pensava que estavam a dizer." A participante 5 expressou a sua preocupação com a existência de uma barreira linguística para ela durante um tornado:

Lembro-me que, quando houve um tornado, não passou na rádio em espanhol. Não se faz ideia de onde se pode ir. Algumas pessoas recebem informações, mas eu não consigo entendê-las porque não estão em espanhol, por isso não as temos. Penso que conseguiria perceber melhor se fosse na minha língua.

Em segundo lugar, a falta de informações sobre abrigos de emergência foi identificada como um obstáculo. Oito em cada dez participantes referiram que não dispunham de informações sobre abrigos de emergência para se protegerem de tornados quando emigraram para Oklahoma. O participante 10 explicou: "Estava à procura de pontes onde me pudesse esconder do tempo". Além disso, o participante 4 declarou: "Eu queria viver, por isso, quando o tornado chegava, eu entrava no carro e tentava afastar-me dele. Toda a gente conduzia como louca, porque toda a gente tentava fugir do tornado."

Independentemente de terem acesso a uma cave para se abrigarem, três participantes afirmaram que tinham medo de usar a cave porque a cave onde se estavam a abrigar podia inundar. Dois recusaram-se a ficar na cave e a continuar a abrigar-se, pois tinham medo de se afogar. O participante 8 declarou: "A nossa cave não é segura porque há água que entra. Sabemos que a cave não é segura e isso é o que mais nos preocupa." Além disso, o participante 9 explicou com mais pormenor: "Sei que há um pouco de inundações à volta da casa, por isso estava preocupado que se fosse para a cave a água viesse até nós e nos pudéssemos afogar."

Pistas de ação para o abrigo

Cinco em cada 10 participantes indicaram que o medo de ferimentos/morte, resultante da sua própria experiência pessoal e da experiência de outros, foi um estímulo para a tomada de medidas de abrigo e para a compra de um abrigo contra tornados. O participante 4 respondeu: "Sei o que um tornado pode fazer. Levou a minha casa e, felizmente, estamos vivos. A minha vizinha, o tornado matou-a. Encontraram-na na rua. Encontraram-na na rua. Havia marcas por todo o lado". Além disso, o participante 5 afirmou: "Foi muito mau, havia coisas por todo o lado. Havia roupas e cobertores por todo o lado. Os bebés estavam a chorar. Foi um choque porque não se sabe o que fazer." **Auto-eficácia para se abrigar**

Duas das 10 participantes, ambas do sexo feminino, afirmaram que os seus maridos eram naturais de Oklahoma e que confiavam neles para perceberem quando estava a ocorrer um tornado e o que deveriam fazer nessa altura. A participante 3 declarou: "Confio muito no meu marido. Ele é como o meu cão de guarda e se algo se passa, ele avisa-me". O marido da participante 9 também está atento às condições meteorológicas e é rápido a informá-la do que está a acontecer e a informá-la das medidas de proteção a tomar. Quando o marido da participante 9 está a trabalhar e ocorre um tornado, ele telefona-lhe rapidamente e informa-a da localização do tornado, se ela precisa de se abrigar imediatamente e onde se abrigar:

O meu marido disse que o tornado não estava muito perto do sítio onde vivemos, por isso disse que podíamos ficar em casa. Tente acalmar-se. Não se preocupe demasiado, mantenha a televisão ligada e esteja atento ao que se passa à sua volta.

Quando a participante 10 migrou pela primeira vez para Oklahoma e passou por vários anos de tornados, suportando a desinformação na comunicação meteorológica de crise recebida, comprou um abrigo contra tornados para si e para a sua família. A participante 10 declarou: "Sinto que um abrigo contra tornados é uma necessidade, uma primeira necessidade sempre que se vive aqui em Oklahoma." O Participante 2 foi o único participante que ouviu falar da ocorrência de tornados em Oklahoma antes de se mudar para o estado e que comprou propositadamente uma casa com um abrigo instalado para que ele e a sua família estivessem seguros durante os tornados. O participante 2 afirmou: "No início da época dos tornados, certifico-me de que limpo o abrigo e o preparo para ser utilizado e de que tem uma lanterna." Além disso, o participante 4 afirmou: "Tenho sorte por ter o meu abrigo e espero que todos os outros também o tenham. Todos os anos vou lá e preparamo-lo e limpamo-lo com cobertores e tudo."

Questão de investigação 3

As perguntas da entrevista para esta pergunta de investigação 3 foram as seguintes "Tem um plano de emergência familiar que utilize em caso de tornado? Em caso afirmativo, pode explicar-me qual é o seu plano de emergência familiar?" "Alguma vez utilizou o plano de emergência familiar?" "Achou o plano útil para si e para a sua família?" (Se a resposta for negativa, não têm um plano familiar)- "Se fosse criar um plano de emergência familiar, em que consistiria?" Já alguma vez ouviu falar ou viu informações sobre como criar um plano de emergência familiar?" "Consideraria a possibilidade de criar um plano de emergência familiar para si e para a sua família?" "Pode explicar por que razão criaria ou não um plano de emergência familiar?"

Os resultados revelaram que 5 em cada 10 participantes têm um plano de emergência

familiar verbal e já o utilizaram pelo menos uma vez. O participante 2 explicou: "Sim,
tenho uma família bastante grande e o plano é reunirmo-nos num só local. O local onde nos
reunimos é na casa do nosso vizinho". Três dos cinco participantes planeiam telefonar aos
cônjuges para lhes dizer que estão bem e planear um encontro num local específico. O
participante 7 declarou: "Sim, bem, da última vez fizemos um plano para nos telefonarmos
e dizermos um ao outro que estávamos bem e para nos encontrarmos num determinado
local."

Benefícios percebidos

Dez em cada 10 participantes consideraram que a existência de um plano de emergência
familiar pode ajudar a manter uma pessoa em segurança. Isto foi inclusivo para os
participantes que ainda não tinham um plano de emergência familiar. O participante 10
expressou: "Gostaria de ter o plano para nos mantermos seguros e aguentarmos pelo menos
três dias." Além disso, o participante 6 explicou: "É preciso um [plano] para estar seguro".

Barreiras percebidas

Nove em cada 10 participantes afirmaram nunca ter ouvido ou visto informações sobre
como criar um plano de emergência familiar. O participante 10 declarou: "Não, nunca vi ou
ouvi falar de como escrever um. Seria uma boa informação a saber, não só para mim, mas
para muitas pessoas". Da mesma forma, o participante 6 também declarou: "Não, ninguém
me disse como criar um [plano].

Pistas de ação

Cinco dos cinco participantes afirmaram que desenvolveram o plano para se manterem a si próprios e aos seus familiares em segurança. O participante 8 explicou: "Dá-nos segurança quando sabemos que todos os nossos filhos estão aqui." Uma participante que não tinha criado um plano de emergência familiar decidiu, no final da entrevista, criar um com a sua família. A participante 1 declarou: "Agora que me fez todas estas perguntas, pôs-me a pensar. Apercebi-me de que preciso de fazer um plano de emergência".

Auto-eficácia

Os resultados revelaram que 5 em cada 10 participantes tinham um plano de emergência familiar verbal e que o tinham utilizado pelo menos uma vez. O participante 9 disse: "Já fizemos o plano uma vez". De igual modo, o participante 8 referiu quando é que ela e a sua família utilizaram o seu plano de emergência familiar verbal:

Sim, já o utilizámos [o plano]. A minha irmã diz que é um plano muito bom, mas temos de compreender que, no momento em que estamos a tentar apanhar os nossos filhos, pode ser um desafio chegar lá.

Questão de investigação 4

As perguntas da entrevista para a pergunta de investigação 4 foram as seguintes "Tem um kit de emergência familiar? Em caso afirmativo, alguma vez utilizou o kit de emergência familiar? Considerou útil tê-lo?" (Se a resposta for não, não têm um kit de emergência familiar). "Considera que seria importante ter um kit de emergência familiar após a ocorrência de um tornado? "Alguma vez ouviu ou viu informações sobre como criar um kit de emergência familiar? Consideraria a possibilidade de criar um kit de emergência familiar para si e para a sua família?" "Pode explicar por que razão criaria ou não um kit de emergência?"

Os resultados revelaram que 3 em cada 10 participantes tinham um kit de emergência e que o tinham utilizado pelo menos uma vez. No entanto, durante o processo de entrevista, verificou-se que nenhum dos kits de emergência estava completo. O participante 7 declarou: "Sim, temos um kit que contém algumas coisas, como uma lanterna, um rádio e um pouco de água. Sim, já usámos o rádio". Da mesma forma, o participante 2 explicou: "Sim, tenho um, mas não tem tudo o que precisamos."

Benefícios percebidos

Oito em cada 10 participantes afirmaram que consideravam que seria benéfico ter um kit de emergência após a ocorrência de um tornado. Uma participante considerou que um kit de emergência seria útil no caso de ter de se deslocar após um tornado. A participante 10 explicou: "Um kit pode ajudar a manter-nos à tona, se tivermos de ir para outro sítio." Dois participantes consideraram que um kit de emergência seria útil para prestar primeiros socorros em caso de ferimentos ligeiros após um tornado. O Participante 1 explicou: "Sim, penso que poderia ajudar nos primeiros socorros se alguém se ferisse."

Barreiras percebidas

Os resultados indicaram que 6 em cada 10 participantes não tinham visto ou ouvido falar de como criar um kit de emergência. O participante 6 disse: "Não, ninguém me disse como criar um". Apesar de dois dos participantes entrevistados não terem ouvido ou visto informações sobre os materiais sugeridos para a criação de um kit de emergência, um deles criou um pequeno kit de emergência sozinho e a outra participante falou com o marido sobre a criação de um. O participante 9 declarou: "Falei com o meu marido sobre isso, mas não vi nem ouvi nada sobre o assunto. Por isso, seria útil ter isso e ferramentas desse género".

Pistas de ação

Dois dos 7 participantes que não tinham um kit de emergência afirmaram, no final da entrevista, que iriam criar um, porque sentiam que era necessário tê-lo em caso de tornado. O participante 9 declarou: "Penso que estas ferramentas nos ajudariam a guardar os nossos pertences, a estar preparados e a ultrapassar a situação, caso nos encontrássemos numa situação de tornado e mau tempo." O participante 10 explicou: "Isto vai evitar lesões causadas por andar à procura de coisas sempre que temos o problema [tornado] em cima de nós. Procurar coisas pode fazer com que nos atrasemos para chegar ao abrigo contra tempestades".

Auto-eficácia

Os resultados revelaram que 3 em cada 10 participantes tinham um kit de emergência e que o tinham utilizado pelo menos uma vez. O rádio meteorológico era normalmente utilizado para ouvir a meteorologia e cada um dos três participantes afirmou ter um rádio no seu kit de emergência. O participante 7 declarou: "Sim, já usámos o rádio". Da mesma forma, o participante 6 explicou: "Também ouvia a meteorologia para ver o que se estava a passar."

Questão de investigação 5

As perguntas da entrevista para a pergunta de investigação 5 foram as seguintes "Alguma vez sofreu danos pessoais ou perda de recursos pessoais durante um tornado? Em caso afirmativo, fale-me sobre isso". "Acha que um plano de emergência familiar e um kit de emergência ajudariam a evitar ferimentos e perda de recursos pessoais? "Em caso afirmativo, diga-me de que forma um plano de emergência familiar e um kit de emergência familiar o poderiam ajudar a si e à sua família."

Os resultados do estudo indicaram que 4 em cada 10 participantes declararam ter sofrido danos pessoais ou perda de recursos pessoais durante um tornado. Dois dos participantes sofreram perdas devido a inundações nas suas caves. O Participante 3 partilhou: "Tivemos algumas que causaram alguns danos nas paredes." Do mesmo modo, o Participante 8 disse: "Tive bolor no fogão e no frigorífico por causa das inundações na cave. Depois de termos entrado para limpar, reparámos que havia areia lá dentro. Depois sentimos um cheiro diferente". Vários dos participantes referiram que a energia eléctrica se desligava durante um tornado, o que podia resultar na perda de alimentos. O Participante 10 explicou: "A única coisa que já aconteceu foi ficarmos sem eletricidade e tudo se estraga também. A comida estraga-se e perdemos comida". Além disso, a participante 4 descreveu em pormenor as várias perdas que ocorreram durante um dos tornados que sofreu em Moore, Oklahoma:

Sim, [perdi] a minha casa. A minha casa, mas graças a Deus estamos bem. O que se passa é que quando eles [o tornado] levam a nossa casa [levam] as nossas memórias preciosas. Perdi muitas coisas, como as roupas do meu bebé e muitas fotografias.

Tinha tantas coisas que queria guardar, como coisas de batismo, e perdi tudo. Não tenho nada dos meus bebés, nem os seus primeiros sapatos e roupas. Não há maneira de recuperar tudo.

Dez em cada 10 participantes indicaram que consideram que a existência de um plano de emergência familiar e de um kit de emergência seria útil para evitar lesões e a perda de recursos pessoais. O participante 5 declarou: "Sim, penso que podem salvar vidas e evitar ferimentos. As pequenas coisas num tornado podem causar muitos ferimentos e se tivermos coisas à mão, elas podem ajudar. Sim, podem mesmo ajudar". O Participante 7 mostrou-se grato por ele e a sua família terem um plano de emergência familiar e um kit de emergência e forneceu as seguintes informações:

Acredito que sim. Da última vez, quando houve cortes de energia e estávamos a tentar descobrir o que se estava a passar, a única coisa que funcionava era o rádio. Se não o tivéssemos, não saberíamos se o tornado tinha passado, não saberíamos o que estava a acontecer.

Auto-eficácia

A participante 4, uma das quatro participantes que sofreram perdas durante um tornado, expressou a sua perceção de auto-eficácia após a sua própria experiência da seguinte forma Aprendi muitas coisas de cada vez que vem um tornado. Por vezes, não estamos preparados para eles, para coisas desse género. Digo às pessoas que estamos a aprender. É natural que cometamos erros. Agora tenho o meu próprio abrigo e usamo-lo.

Resumo

O Capítulo 4 apresenta uma análise textural-estrutural que descreve a essência das experiências dos participantes imigrantes hispânicos com tornados, o seu conhecimento dos comportamentos de preparação para tornados e a perceção do risco de ferimentos durante um tornado. Codifiquei manualmente os dados da entrevista utilizando os constructos do HBM, que forneceram uma visão dos padrões temáticos. Os temas indicavam que todos os participantes tinham sofrido vários tornados enquanto viviam na cidade de Oklahoma e na SMSA. Os participantes consideravam que corriam um risco acrescido de sofrer lesões durante as condições meteorológicas de crise, em especial os tornados. Os resultados também indicaram que os participantes perceberam os benefícios do planeamento da preparação através da criação de um plano de emergência familiar e de um kit de emergência, num esforço para diminuir o risco de lesões. A análise dos dados indicou que todos os participantes procuram abrigo durante um tornado. No entanto, houve preocupação com a inundação da cave durante a utilização do abrigo. O Capítulo 5 expande as implicações da análise dos dados. São discutidas as limitações do estudo, bem como recomendações futuras e considerações sobre o potencial impacto para a mudança social.

Capítulo 5: Discussão, conclusões e recomendações

Introdução

O objetivo deste estudo fenomenológico descritivo foi explorar e identificar as percepções, os pensamentos e as experiências de imigrantes hispânicos que passaram por catástrofes naturais e emergências em Oklahoma, especificamente tornados. Explorei a perceção do risco de ferimentos, as crenças, as atitudes e as percepções das catástrofes naturais e das emergências. Entrevistei uma amostra intencional de 10 imigrantes hispânicos que vivem na cidade de Oklahoma e na SMSA. Os dados das entrevistas foram codificados em unidades de significado e analisados usando os constructos do HBM para responder às minhas perguntas de investigação.

A investigação atualmente disponível centra-se principalmente nos imigrantes hispânicos no que diz respeito aos seus comportamentos de preparação para catástrofes, diminuindo o risco de lesões, e é limitada e inadequada, com base na minha revisão da literatura. Para colmatar esta lacuna na investigação, seleccionei como população de estudo os imigrantes hispânicos que viviam em Oklahoma City, Oklahoma, e nos arredores da SMSA, que tinham passado por condições meteorológicas de crise durante a primavera de 2013. Explorei a perceção de risco de ferimentos dos participantes do estudo e o conhecimento dos comportamentos de preparação para tornados.

Cinco dos meus 10 participantes no estudo tinham um plano de emergência familiar verbal e tinham-no utilizado pelo menos uma vez. Os outros cinco participantes, todos casados, falam habitualmente com os seus cônjuges durante um tornado e decidem o plano de ação imediato a adotar pelas suas famílias. Além disso, todos os planos previam o abrigo imediato de um tornado. O abrigo foi efectuado em vários locais: um abrigo subterrâneo contra tornados, a cave de uma casa, uma área de estar no interior de uma casa e a casa de um familiar ou amigo.

Os resultados do estudo de investigação indicaram que apenas 3 dos 10 participantes tinham um kit de emergência e tinham-no utilizado pelo menos uma vez. No entanto, estes 3 participantes no estudo indicaram que nenhum dos três kits estava completo. Além disso, quatro dos 10 participantes tinham perdido os seus recursos pessoais durante um tornado. Dois dos quatro participantes sofreram inundações que resultaram em danos. O terceiro participante perdeu alimentos devido à falta de energia eléctrica durante um tornado. A quarta participante referiu que tinha uma perturbação de stress pós-traumático relacionada com a perda da sua casa durante um tornado, que foi agravada pela perda de heranças familiares insubstituíveis, bem como de documentos legais da família. Todos os participantes afirmaram que a existência de um plano de emergência familiar e de um kit de emergência seria útil para evitar ferimentos e a perda de recursos pessoais.

Interpretação dos resultados

Utilizei o HBM para examinar os comportamentos individuais de saúde e as actividades de promoção da saúde dos meus participantes (Champion & Skinner, 2008). Os constructos do HBM facilitaram a exploração das questões de investigação, permitindo uma fácil organização das unidades de significado e facilitando a identificação dos temas dos dados, simplificando a organização dos temas (National Cancer Institute, 2005). Esta investigação contribui para a literatura atual e preenche lacunas de conhecimento na literatura relacionada com a investigação anteriormente realizada com populações minoritárias vulneráveis em comportamentos de preparação para catástrofes e risco de lesões.

Suscetibilidade percebida e gravidade da lesão

Todos os 10 participantes relataram ter passado por vários tornados desde que migraram para Oklahoma e passaram a residir em Oklahoma City e na SMSA. Os participantes afirmaram ter sofrido inundações repentinas, ventos fortes e granizo. Nenhum dos 10 participantes relatou ter sofrido um tornado antes de migrar para Oklahoma. Os tornados não eram um perigo geográfico natural em nenhum dos países de onde os participantes migraram. Apenas um dos participantes tinha conhecimentos prévios sobre tornados e sabia que os tornados eram um perigo geográfico natural que representa um risco de ferimentos em Oklahoma.

Todos os 10 participantes disseram que procurariam imediatamente um abrigo de emergência ao ouvir uma sirene de tornado. O abrigo de emergência imediato fazia parte do plano de emergência familiar de cinco dos participantes do estudo que tinham um plano de emergência familiar. Isto contrasta com as conclusões de Miller, Adame e Moore (2013), que afirmaram que, embora os indivíduos possam ter o conhecimento para se prepararem para condições meteorológicas de emergência, nem sempre agem de forma prudente (por exemplo, procuram abrigo de emergência durante um tornado).

As conclusões do meu estudo de investigação corroboram as de Perry e Lindell (2003), segundo as quais os grupos culturais diferem com base na sua perceção e nos seus padrões de pensamento no que respeita à comunicação de riscos e crises. O meu estudo de investigação explorou a compreensão e o conhecimento dos participantes do estudo sobre o risco de ferimentos e possível morte devido a um tornado. Os resultados corroboram as conclusões de Brooks e Doswell (2002), não só no que se refere ao conhecimento dos participantes sobre o risco de ferimentos e possível morte devido a um tornado, como também confirmam as conclusões de Brooks e Doswell (2002), que concluíram que é

necessário saber o que é um aviso e que medidas devem ser tomadas para evitar ferimentos

e morte.

O Participante 1 disse: "Pode matar-nos [o tornado]. Acontecem rapidamente e podem

destruir tudo e todos no seu caminho". A declaração do Participante 1 exemplifica a

compreensão dos 10 participantes sobre a possível gravidade dos ferimentos que podem

ocorrer durante um tornado.

Benefícios percebidos do planeamento de abrigos e preparação

Os imigrantes hispânicos têm conhecimentos e experiência sobre a utilização de abrigos

de emergência em caso de tornado. Os participantes no meu estudo revelaram que a

segurança pessoal e a segurança dos membros da sua família era a sua maior preocupação.

Por conseguinte, a prevenção de ferimentos através de abrigos durante um tornado era uma

ação preventiva necessária a empreender imediatamente. Todos os participantes se tinham

abrigado na sua própria casa, num abrigo público contra tornados ou numa igreja com uma

política de portas abertas que oferecia ao público um local seguro para se abrigar de um

tornado. Os participantes também tinham experiência de abrigo num abrigo contra tornados

e/ou na cave de familiares ou amigos. Os benefícios percebidos do abrigamento foram a

diminuição do risco de ferimentos e de morte devido a um tornado. A Participante 4

expressou a sua perceção e crença relativamente ao abrigo durante um tornado, afirmando:

"Vamos ficar em segurança, a minha filha e as minhas netas vêm cá a casa e vamos para o

abrigo juntas."

O participante 10 expressou os benefícios do planeamento da preparação que permitiu à

sua família ser autossuficiente durante 3 dias, explicando: "Gostaria de ter o plano para nos mantermos seguros e aguentarmos pelo menos 3 dias." O participante 6 declarou: "É preciso um [plano] para estarmos seguros [de ferimentos]". No entanto, constatei que 7 dos 10 participantes não tinham um kit de emergência e, embora três participantes tivessem um kit, nenhum deles estava completo. Os resultados da minha investigação também corroboram a investigação anterior de Allen e Katz (2010), que concluíram que os imigrantes para quem o inglês era uma segunda língua não sabiam como se preparar para uma emergência de saúde pública, como uma catástrofe natural. No entanto, cinco dos meus 10 participantes no estudo tinham planos de emergência familiares verbais que eram continuamente revistos com base nas lições aprendidas com cada evento de tornado que experimentavam. Estas conclusões demonstram que a população estudada está a integrar os conhecimentos à medida que estes se tornam disponíveis, apesar de provirem das suas próprias experiências e não de acções educativas da saúde pública ou de outras acções de preparação para emergências adequadas.

Barreiras percebidas no planeamento de abrigos e preparação

Os resultados deste estudo de investigação revelaram que os obstáculos à criação de abrigos incluíam o facto de não saberem onde localizar um abrigo quando trabalham na comunidade e de não saberem onde se encontra o abrigo público mais próximo ou como localizar esse abrigo. Além disso, uma segunda barreira ao abrigamento discutida por vários dos participantes foi o medo de se afogarem quando se abrigavam numa cave. A sua experiência com inundações nesses abrigos exacerbou o seu medo e, em última análise, recusaram-se a abrigar-se nas caves. Em vez disso, abrigavam-se na sala de estar da sua casa, o que é uma ação menos segura e preventiva.

A língua foi revelada como um obstáculo ao abrigo por 6 em cada 10 participantes neste estudo. Do mesmo modo, a língua foi identificada como um obstáculo ao planeamento da preparação para catástrofes, tendo 9 em cada 10 participantes no estudo afirmado que nunca tinham visto ou ouvido informação sobre como criar um plano de emergência familiar. Seis em cada 10 participantes do meu estudo afirmaram que nunca tinham visto ou ouvido informações sobre como criar um kit de emergência. O Participante 7 partilhou a sua preocupação relativamente ao facto de não compreender fluentemente a língua inglesa e, em vez disso, ouvir uma estação de televisão espanhola para receber informações meteorológicas actuais: "Ligo a televisão para ver as notícias espanholas, mas mesmo assim acho que não estou a receber todas as informações de que preciso." Esta investigação corrobora as investigações anteriores de Carter-Pokras et al. (2007), Currie (2012) e Messias, Barrington e Lacy (2012), segundo as quais a língua cria uma barreira significativa ao planeamento de catástrofes e à obtenção de conhecimentos exactos sobre os recursos disponíveis durante e após a catástrofe.

Pistas de ação

Como já foi referido, os participantes no meu estudo de investigação não esperaram para se abrigarem de um tornado quando foram informados de que um tornado estava presente ou próximo das suas imediações. As pistas para a ação vieram das suas próprias experiências pessoais, bem como de histórias de experiências de outras pessoas com tornados e inundações repentinas. A participante 4 ainda estava visivelmente perturbada quando partilhou: "Sei o que um tornado pode fazer. Levou a minha casa e, felizmente, estamos vivos. A minha vizinha, o tornado matou-a". Os resultados da minha investigação corroboram as conclusões de Messias, Barrington e Lacy (2012) de que as redes sociais pré-existentes, incluindo a família e os amigos, são a principal fonte de informação antes da catástrofe e que essa informação nem sempre é exacta. Além disso, as conclusões foram ainda mais fundamentadas quando a participante 10 explicou como tinha sido informada por outros hispânicos para se abrigar debaixo de uma ponte; "Estava à procura de pontes onde me pudesse esconder do tempo." Além disso, a participante 4 partilhou a experiência e a perda de uma família inteira que era amiga da sua própria família: "Eles tentaram fugir do tornado e esconderam-se debaixo da ponte. Morreram porque veio muita água; inundações repentinas, porque não sabiam o que fazer." Este resultado da investigação confirma os resultados de investigações anteriores realizadas por Eisenman et al. (2009), segundo os quais são necessários programas de preparação para catástrofes culturalmente adequados e informações relacionadas com a gestão de emergências em geral, a fim de ajudar as populações a informarem-se e a compreenderem a melhor forma de se prepararem para as catástrofes.

Auto-eficácia

Os resultados deste estudo de investigação revelaram que a auto-eficácia parecia crescer e tornar-se mais forte nos participantes à medida que estes passavam por tornados. Dois participantes compraram abrigos contra tornados para a sua casa depois das suas experiências com tornados. Como já foi referido, um dos participantes no estudo tinha conhecimentos prévios sobre o que são tornados e que os tornados eram um perigo natural geográfico e um risco de ferimentos antes de migrar para Oklahoma. Assim que ele e a sua família emigraram para Oklahoma, comprou uma casa equipada com um abrigo contra tornados. Também elaborou imediatamente um plano de emergência familiar e um kit de emergência. A participante 4 partilhou a sua própria perceção da sua auto-eficácia:

Aprendi muitas coisas de cada vez que vem um tornado. Por vezes, não estamos preparados para coisas deste género. Digo às pessoas que estamos a aprender. É normal cometermos erros. Agora tenho o meu próprio abrigo e usamo-lo.

Limitações do estudo

Não é uma limitação deste estudo de investigação o facto de ter sido constituído por uma amostragem intencional de imigrantes hispânicos e de os participantes neste estudo de investigação serem ainda constituídos por uma sub-secção de uma população minoritária. Este estudo de investigação foi qualitativo e utilizou uma abordagem fenomenológica. No entanto, uma limitação deste estudo de investigação é que as conclusões do estudo podem não ser generalizáveis a outras populações de minorias étnicas.

Recomendações

Recomenda-se que a investigação qualitativa e quantitativa futura se centre na avaliação de estratégias de comunicação de preparação para catástrofes culturalmente adequadas que utilizem um enquadramento de proteção e segurança dos entes queridos. Também é necessário explorar melhor as pistas de ação para se abrigarem, criarem um plano de emergência familiar e um kit de emergência para a sua própria segurança e a dos seus entes queridos. Os resultados da investigação deste estudo também revelaram que é da maior preocupação e um resultado desejado pelos participantes no estudo que todos os membros da família estejam juntos quando se abrigam durante um tornado.

Outra recomendação baseada nos resultados do estudo inclui a replicação do mesmo estudo com a mesma população residente em Oklahoma para avaliar as variações dos resultados deste estudo entre outros imigrantes hispânicos residentes noutras regiões geográficas de Oklahoma. Se a semelhança for comprovada por futuras investigações conduzidas com imigrantes hispânicos que sofreram tornados, inundações repentinas,

ventos fortes e granizo, essas conclusões reforçam e melhoram o conhecimento e a
compreensão da forma como a saúde pública pode informar e ajudar os imigrantes
hispânicos a prepararem-se para as catástrofes naturais e os eventos climáticos de crise,
como os tornados. Se as conclusões deste estudo não forem confirmadas, será possível
compreender melhor a forma como a saúde pública pode servir melhor esta população em
todas as regiões geográficas do Oklahoma. Isto constitui uma oportunidade para
Saúde pública de Oklahoma para diminuir as disparidades de saúde nesta população
vulnerável e minoritária e facilitar uma mudança social positiva.

Implicações

Em termos teóricos, o modelo HBM foi a escolha adequada para enquadrar e orientar
este estudo de investigação. O quadro HBM simplificou a exploração e a discussão das
percepções dos participantes imigrantes hispânicos do estudo sobre o risco de lesões e os
benefícios percebidos dos abrigos e do planeamento da preparação para diminuir o risco de
lesões. Além disso, o modelo HBM também permitiu explorar e discutir as barreiras
percebidas ao planeamento de abrigos e de preparação para a ação, bem como a sua auto-
eficácia. Este estudo de investigação fornece uma visão mais aprofundada que pode
facilitar a ação, iniciando a redução de riscos e comportamentos adaptativos entre a
população imigrante de Oklahoma através da saúde pública e parcerias multidisciplinares
colaborativas (Akombap et al., 2013 Schneiderman, Speers, Silva, Tomes, & Gentry,
2001).

A saúde pública de Oklahoma, ao trabalhar para estabelecer parcerias multidisciplinares
colaborativas com as comunidades hispânicas, pode identificar os líderes da comunidade
hispânica que precisam de ser convidados a participar no planeamento de catástrofes e nos

comités de planeamento de resposta, para que a comunidade hispânica seja adequadamente representada nesta área. As organizações multidisciplinares, as agências e as organizações religiosas devem incluir a Saúde Pública, a Gestão de Emergências de Oklahoma, a Cruz Vermelha Americana, o Corpo de Reserva Médica, o Exército da Salvação, a United Way, as Caridades Católicas e as equipas de socorro a catástrofes das organizações religiosas, tais como as equipas de socorro a catástrofes Baptistas e Metodistas. A fim de diminuir o risco de lesões e as disparidades de saúde na população hispânica imigrante, é imperativo que os líderes da comunidade hispânica assumam um papel ativo e não passivo em todos os processos de planeamento de catástrofes que afectam as suas comunidades e população. Além disso, para que a mudança social ocorra e as disparidades de saúde diminuam, é crucial dar voz aos imigrantes hispânicos. Isto pode ser conseguido assegurando que os líderes hispânicos da comunidade sejam parte integrante dos processos de planeamento de catástrofes. A colaboração com os líderes comunitários hispânicos garante que as necessidades únicas e específicas dos imigrantes hispânicos sejam reconhecidas e integradas em todos os planos actuais e futuros de preparação da comunidade, incluindo, mas não se limitando a, planos de operações de emergência do condado e do estado (Cong, Liang, & Luo, 2014; Perry & Lindell, 2003).

Os resultados de investigações anteriores indicam que, após uma catástrofe, os imigrantes hispânicos encontram barreiras significativas na procura da assistência governamental necessária devido à confusão em relação às leis de deportação que podem ou não ser aplicadas após a catástrofe (Horton, 2012). As conclusões deste estudo de investigação indicam que quatro dos participantes do estudo sofreram vários tipos de perdas durante as condições climatéricas de crise, como a perda de casa, de alimentos e de danos na habitação devido a inundações e danos causados pela água da chuva. O medo de deportação desta população é real, assim como as suas necessidades após a catástrofe.

Estas necessidades estavam relacionadas com o facto de os participantes no estudo terem

revelado a sua própria perda de bens essenciais, incluindo habitação, alimentação e

serviços públicos. A saúde pública, trabalhando em colaboração com organizações

multidisciplinares, agências comunitárias e organizações religiosas, pode ajudar a fornecer

e divulgar informações sobre a assistência governamental e não governamental disponível

após a catástrofe para as comunidades hispânicas (Messias, Barrington, & Lacy, 2012).

Além disso, ao nível do departamento de saúde do condado local, as implicações para a

prática no âmbito das recomendações dos resultados deste estudo de investigação incluem

os administradores que asseguram que os seus departamentos de saúde fornecem

consistentemente informações sobre a preparação para catástrofes e sobre condições

meteorológicas de emergência durante todo o ano. As informações educativas disponíveis

devem ser informações sobre eventos climáticos sazonais de crise, como tornados,

tempestades de gelo, terramotos e outros potenciais eventos climáticos de crise, tanto em

inglês como em espanhol (Messias, Barrington, & Lacy, 2012). Os administradores dos

departamentos de saúde do condado também devem garantir que uma lista actualizada de

abrigos públicos esteja disponível para os imigrantes hispânicos que visitam os

departamentos de saúde do condado. Os administradores dos departamentos de saúde do

condado também podem trabalhar diligentemente para diminuir o risco de lesões nos

imigrantes hispânicos, ajudando esta população a desenvolver a auto-eficácia para que

possam aumentar a sua capacidade de se protegerem de lesões ou morte durante um

tornado e outras condições meteorológicas de crise.

As implicações para a mudança social são múltiplas a partir das conclusões deste

estudo. Uma das implicações é que os resultados deste estudo proporcionam uma visão, consciencialização e compreensão das crenças, percepções e opiniões relativas à

preparação para catástrofes e emergências entre os imigrantes hispânicos em Oklahoma.

Este estudo promoveu e facilitou uma mudança social positiva ao dar voz a esta população

vulnerável e de minorias étnicas relativamente às suas experiências vividas com tornados

no Oklahoma. Além disso, os resultados forneceram dados ricos e que informam a saúde

pública, as organizações comunitárias, as agências e as organizações religiosas cujo

trabalho consiste em preparar as comunidades para condições climatéricas de catástrofe.

Este estudo de investigação também promoveu e facilitou a mudança social positiva,

fornecendo uma visão iluminada pelos dados do estudo de investigação que as

organizações, agências e organizações religiosas podem usar para promover programas de

preparação para desastres e emergências, bem como workshops comunitários e outras

actividades de planeamento de preparação para emergências comunitárias consistentes com

a perspetiva da população hispânica imigrante de Oklahoma. Além disso, este estudo pode

promover e facilitar iniciativas de saúde pública de preparação para catástrofes naturais e

emergências dirigidas à população hispânica imigrante de Oklahoma. As iniciativas no

domínio da saúde pública podem servir de catalisador para uma mudança social positiva,

porque visam reduzir as disparidades sociais e de saúde, incluindo a redução do risco de

lesões devidas a catástrofes naturais e emergências de saúde pública entre esta população

de minorias étnicas.

Conclusão

Explorei e identifiquei as percepções, os pensamentos e as experiências dos imigrantes

hispânicos que passaram por catástrofes naturais e emergências em Oklahoma, no que diz

respeito à perceção do risco de lesões, crenças, atitudes e percepções das catástrofes naturais e emergências. O HBM forneceu os fundamentos para este estudo de investigação, orientou a criação das questões de investigação e os dados das entrevistas foram codificados manualmente de acordo com os constructos do HBM. O constructo da suscetibilidade percebida foi utilizado para determinar a perceção dos participantes sobre a gravidade dos ferimentos sofridos por si próprios e pelos membros da família caso sofressem um tornado e não estivessem preparados. Os constructos do HBM de benefícios percebidos e barreiras percebidas foram usados para determinar quais eram as crenças dos participantes do estudo em relação aos benefícios para a saúde da mudança de comportamentos para reduzir o risco de lesões durante um tornado. Além disso, os construtos de pistas para a ação e de auto-eficácia foram utilizados para determinar o que motivava os participantes no estudo a efectuarem as mudanças de comportamento desejadas para a redução de lesões, e a sua convicção de que tinham a capacidade de efetuar a referida mudança (Glanz, Rimer, & Viswanath, 2008).

Os resultados deste estudo de investigação qualitativa, que utilizou uma abordagem fenomenológica descritiva, revelaram que todos os participantes no estudo procuraram abrigo quando sofreram um tornado. Vários locais foram identificados como locais de abrigo utilizados pelos imigrantes hispânicos, incluindo abrigos subterrâneos contra tornados, a cave da casa, a área de estar dentro de casa e a casa de um familiar ou amigo. Cinco dos dez estudantes participantes no estudo tinham um plano de emergência familiar verbal e tinham-no utilizado pelo menos uma vez. Os outros cinco participantes falavam habitualmente com o cônjuge durante um tornado e decidiam qual a ação imediata a tomar.

Os resultados do estudo também indicaram que apenas 3 em cada 10 participantes no estudo têm um kit de emergência e o utilizaram pelo menos uma vez. Por outro lado, 7 dos 10 participantes não tinham um kit de emergência. No entanto, dos 3 participantes que tinham kits de emergência, nenhum dos 3 kits estava completo. Os resultados corroboram a investigação anteriormente efectuada por Bethel e Britt (2012), segundo a qual os imigrantes hispânicos podem não ter kits de emergência completos, conforme necessário, durante as catástrofes. As conclusões deste estudo validam conclusões anteriores de estudos que identificaram a língua como uma barreira à preparação para catástrofes naturais, juntamente com as barreiras da informação inadequada e do conhecimento de informação exacta e completa sobre a preparação (Horton, 2012; Messias, Barrington, & Lacy, 2012; Burke et al., 2012).

Os resultados deste estudo de investigação podem promover e facilitar uma mudança social positiva para os imigrantes hispânicos que residem em Oklahoma e que são afectados por condições meteorológicas de crise e eventos específicos da sua região geográfica. Isto é crucial para reduzir os ferimentos e a morte (morbilidade e mortalidade) relacionados com tornados, tempestades de gelo e eventos relacionados com o calor, bem como com terramotos, nesta população. Tal como o último participante entrevistado, o participante 10, afirmou na sua declaração final durante o processo de entrevista: "A morte pode ser evitada se as pessoas estiverem preparadas."

Historicamente, a saúde pública tem estado na linha da frente, protegendo e salvando vidas, trabalhando diligentemente para diminuir a mortalidade e a morbilidade, ao mesmo tempo que trabalha para eliminar as disparidades sociais e de saúde entre as populações vulneráveis. A saúde pública em Oklahoma pode fazer uma diferença positiva na vida dos imigrantes hispânicos, trabalhando em conjunto com organizações multidisciplinares, agências comunitárias e organizações religiosas para identificar e colaborar com os líderes da comunidade hispânica. A saúde pública em Oklahoma tem a oportunidade de fazer o que a saúde pública faz de melhor, passando para a vanguarda e impulsionando o objetivo

Healthy People 2020 para atingir as metas de preparação, promovendo indivíduos informados e capacitados e comunidades em consciência situacional e educação de preparação (USDHHS, 2014).

A saúde pública em Oklahoma pode proporcionar liderança a nível comunitário e estatal, promover e facilitar o planeamento, a conceção, a implementação e a avaliação de programas e actividades comunitários de preparação para catástrofes e emergências. Trabalhar tanto de forma independente como em colaboração para melhorar o acesso e a divulgação de informações sobre o planeamento da preparação, diminuindo assim a morbilidade e a mortalidade relacionadas com ferimentos provocados por tornados e outras catástrofes meteorológicas. Os resultados deste estudo permitem aos profissionais de saúde pública do Oklahoma liderar uma mudança social positiva, visando intervenções de planeamento de preparação para catástrofes naturais no domínio da saúde pública destinadas a eliminar as disparidades sociais e de saúde entre a população hispânica imigrante residente no Oklahoma.

Referências

Ahlborn, L., & Franc, J. M. (2012). Disparidades de comunicação de perigo de tornado entre indivíduos de língua espanhola em uma comunidade de língua inglesa. *Jornal de Medicina Pré-Hospitalar e de Desastres, 27*(1), 98-102. doi:10.1017/S1049023X12000015

Akompab, D. A., Bi, P., Williams, S., Grant, J., Walker, I. A., & Augoustinos, M. (2013). Ondas de calor e alterações climáticas: Aplicando o modelo de crenças de saúde para identificar preditores de perceção de risco e comportamentos adaptativos em Adelaide, Austrália. *International Journal of Environmental Research and Public Health, 10,* 21642184. doi:10.3390/ijerph10062164

Allen, H., & Katz, R. (2010). Demography and public health emergency preparedness (Demografia e preparação para emergências de saúde pública): Making the connection. *Population Research and Policy Review, 29,* 527-539. doi: 10.1007/s11113-009-9158-1

Associação Americana de Saúde Pública. (2014a). 10 serviços essenciais de saúde pública. Recuperado de http://www.apha.org/programs/standards/performancestandardsprogram/resexxent ialservices.htm

Associação Americana de Saúde Pública. (2014b). Advocacia e política. Recuperado de http://www.apha.org/advocacy/policy/policysearch/default.htm?id=1333

Andrulis, D. P., Siddiqui, N. J., & Gantner, J. L. (2007). Preparing racially and ethnically diverse communities for public health emergencies (Preparação de

comunidades racial e etnicamente diversas para emergências de saúde pública). *Health*

Affairs, 26(5), 12691279. doi:10.1377/hlthaff.26.5.1269

Berg, R. (2004). A resposta ao terrorismo e o papel da saúde ambiental: The million-

dollar and (then some) question. *Journal of Environmental Health, 67*(2), 29-39.

Brand, M., Kerby, D., Elledge, B., Johnson, D., & Magas, O. (2006). A model for

assessing public health emergency preparedness competencies and evaluating training

needs based on local preparedness plan. *Journal of Homeland Security and Emergency*

Management, 3(2), 1-19.

Brooks, H. E., & Doswell, C. A. (2002). Deaths in the 3 May 1999 Oklahoma City

tornado from a historical perspective. *American Meteorological Society, 17,* 354361.

Burke, S., Bethel, J. W., & Britt, A. F. (2012). Assessing disaster preparedness among

Latino migrant and seasonal farmworkers in eastern North Carolina. *Revista*

Internacional de Investigação Ambiental e Saúde Pública, 9, 3115-3133.

doi:10.3390/ijerph9093115

Carlsen, B., & Glenton, C. (2011). What about n? A methodological study of sample-

size reporting in focus group studies. *BMC Medical Research Methodology, 11*(1),

2635. doi:10.1186/1471-2288-11-26

Carter-Pokras, O., Zambrana, R. E., Mora, S. E., & Aaby, K. A. (2007). Preparação

para emergências: Conhecimentos e percepções dos imigrantes latino-americanos.

Journal of Health Care for the Poor and Underserved, 18, 465-481.

Casey, M. M., Eime, R. M., Payne, W. R., Harvey, J. T. (2009). Using a socioecological

approach to examine participation in sport and physical activity among rural adolescent girls. *Investigação Qualitativa em Saúde, 19(7),* 881-893.

Centros de Controlo e Prevenção de Doenças. (2013). *O sistema de saúde pública e os 10 serviços essenciais de saúde pública.* Recuperado de http://www.cdc.gov/nphpsp/essentialServices.html.

Centros de Controlo e Prevenção de Doenças. (2014). *O que é a saúde pública?* Recuperado de http://cdcfoundation.org/content/what-public-health.

Champion, V. L. & Skinner, C. S. (2008). The health belief model. Em K. Glanz, B. K. Rimer & K. Viswanath (eds.), *Health behavior and health education: Theory, research, and practice,* (4ª ed., pp. 45-65), São Francisco, CA: Wiley & Sons.

Coffman, M. J., Shobe, M. A., & O'Connell, B. (2008). Práticas de auto-prescrição em imigrantes latinos recentes. *Public Health Nursing, 25*(3), 203-211. doi: 10.1111/j.1525-1446.2008.00697.x

Colaizzi, P.F. (1978). A pesquisa psicológica na visão do fenomenólogo. Em R.S. Valle & M. King, (Eds.), *Existential-phenomenological alternatives for psychology,* (pp. 48-71). Nova Iorque, NY: Oxford University Press.

Cong, Liang, & Luo (2014). Planos de preparação para emergências familiares em tornados graves. *American Journal of Preventive Medicine, 46*(1), 89-93. doi: http://dx.doi.org/10.1016/j.amepre.2013.08.020

Creswell, J. (2009). *Research design: Qualitative, quantitative, and mixed methods approaches* (3ª ed., pp. 3-21). Thousand Oaks, CA: Sage.

Creswell, J. W. (2013). *Investigação qualitativa e conceção de investigação: Choosing among five approaches* (3ª ed.). Thousand Oaks, CA: Sage.

Crowston, K., Allen, E. E., & Heckman, R. (2012). Utilização de tecnologia de

processamento de linguagem natural para análise de dados qualitativos. *Revista*

Internacional de Metodologia da Investigação Social, 15(6), 523-543.

Currie, D. (2012). A preparação para emergências está a melhorar entre os americanos,

mas continuam a existir lacunas. *The Nation's Health,* novembro/dezembro, 8.

Daly, K. (2007). *Métodos qualitativos para estudos sobre a família e o desenvolvimento*

humano.

Thousand Oaks, CA: Sage.

Danforth, E. J., Doying, A., Merceron, G., & Kennedy, L. (2010). Applying social

science and public health methods to community-based pandemic planning. *Journal of*

Business Continuity & Emergency Planning, 4(4), 375-390.

Deavenport, A., Modeste, N., Marshak, H. H., & Neish, C. (2010). Crenças de saúde de

mulheres hispânicas de baixo rendimento: A disparity in mammogram use. *American*

Journal of Health Studies, 25(2), 92-100.

Derose, K. P., Escarce, J. J., & Lurie, N. (2007). Immigrants and health care: Sources of

vulnerability. *Health Affairs, 26*(5),1258-1268. doi:10.1377/hlthaff.26.5.1258

Centro de Desastres. (2014). *Tornados de Oklahoma.* Recuperado de http://www

.disastercenter.com/Oklahoma/tornado .html.

Donner, W., & Rodriguez, H. (2006). Composição da população, migração e

desigualdade: The influence of demographic changes on disaster risk and vulnerability.

Social Forces, 87(2), 1089-1114.

Dynes, R. R. (2003). Noé e o planeamento de catástrofes: o significado cultural da história do dilúvio. *Journal of Contingencies and Crisis Management, 11(4),* 170-177.

doi: 10.1111/j.0966-0879.2003.01104003.x

Eisenman, D. P., Glik, D., Maranon, R., Gonzales, L., & Asch, S. (2009).

Desenvolvimento de uma campanha de preparação para desastres dirigida a imigrantes

latinos de baixos rendimentos: Resultados dos grupos de discussão do projeto PREP.

Journal of Health Care for the Poor and Underserved, 20(2), 330-345.

doi:10.1353/hpu.0.0129

Englander, M. (2012). A entrevista: Recolha de dados na investigação científica

humana fenomenológica descritiva. *Jornal de Psicologia Fenomenológica, 43,*13-35.

doi: 101163/156916212X632943

Agência Federal de Gestão de Emergências (FEMA, n.d.). *Declarações de catástrofe*

para Oklahoma [Website]. Recuperado de https://www.fema.gov/disasters/grid/state-

tribal-government/63.

Agência Federal de Gestão de Emergências (2012). *Precisa de um abrigo?* Recuperado

de http://www.fema.gov/news-release/1999/05/18/do-you-need-shelter.

Agência Federal de Gestão de Emergências. (2013). *Natural disasters.* Recuperado de

http://www.ready.gov/natural-disasters.

Finlay, L. (2009). Explorar a experiência vivida: Princípios e prática da investigação

fenomenológica. *Jornal Internacional de Terapia e Reabilitação, 16(9),* 474-480.

Frost, N. A., Holt, A., Shinebourne, P., Esin, C., Nolas, S. M., Mehdizadeh, L., &

Brooks-Gordan, B. (2011). Descobertas colectivas, interpretações individuais: An

ilustração de uma abordagem pluralista da análise de dados qualitativos. *Qualitativa*

Investigação em Psicologia, 8, 93-113. doi:10.1080/14780887.2010.500351

Gamboa-Maldonado, T., Marshak, H. H., Sinclair, R., Montgomery, S., & Dyjack, D.
T.

(2012). Reforço da capacidade de preparação da comunidade para catástrofes: A call for

collaboration between public environment health and emergency preparedness and

response programs. *Jornal de Saúde Ambiental, 75*(2), 24-29.

Giorgi, A. (2009). *O método fenomenológico descritivo em psicologia: Uma

abordagem husserliana modificada.* Pittsburgh, PA: Duquesne University Press.

Gryczynski, J. & Johnson, J. L. (2011). Desafios na investigação em saúde pública com

Índios americanos e outras pequenas populações etnoculturais minoritárias. *Substância

Use & Misuse, 46,* 1363-1371. doi: 10.3109/10826084.2011.592427

Guba, E., & Lincoln, Y. (1989). *Fourth Generation Evaluation.* Newbury Park, CA:
Sage.

Hammersley, M. (2000). A relevância da investigação qualitativa. *Oxford Review of

Educação, 26(3),* 393-405. doi:10.1080/3054980020001909

Ho, M.-C., Shaw, D., Lin, S., & Chiu, Y.-C. (2008). Como é que as características das
catástrofes

influenciam a perceção do risco? *Risk Analysis, 28*(3), 635-643. doi: 10.1111/j.1539-
6924.2008.01040.x.

Horton, L. (2012). Não há sítio para onde ir: Obstáculos para os imigrantes que

procuram o governo assistência em caso de catástrofe. *National Lawyers Guild Review,

69*(3), 140-159.

Hutchins, S. S., Fiscella, K., Levine, R. S., & Ompad, D. C. (2009). Protection of

racial/ethnic minority populations during an influenza pandemic (Proteção das

populações de minorias raciais/étnicas durante uma pandemia de gripe). *American

Journal of Public Health, 99(2),* 261-270. Doi:10.2105/AJPH.2009.161505

Johnson, G. S. (2008). Justiça ambiental e Katrina: Um desastre ambiental sem sentido.

The Western Journal of Black Studies, 32(1), 42-52. Recuperado de

http://eds.a.ebscohost .com.

Keeping, J. (2014, 18 de maio). "Isso muda você". *The Oklahoman,* pp. 1A, 13A, 14A.

Kubiceek, K., Ramirez, M., Limbos, M. A., & Iverson, E. (2008). Knowledge and

behaviors of parents in planning for and dealing with emergencies. *Journal of

Community Health, 33,* 158-168. doi:10.1007/s10900-007-9078-0

Agência de Desenvolvimento Comunitário Latino. (2013). *Hispânicos em Oklahoma.*

Recuperado de http://lcdaok.org/home/index.php/leadership/hispanics-in-oklahoma.

Leyser-Whalen, O., Rahman, M., & Berenson, A., B. (2011). Natural and social

disasters:

Desigualdade racial no acesso a contraceptivos após o furacão Ike. *Jornal de

Women's Health, 20(12),* 1861-1866. doi:10.1089/jwh.2010.2613

Lincoln, Y.S., & Guba, E. G. (1985). Naturalistic inquiry. Beverly Hills, CA: Sage.

Lombardo, J. S., & Buckeridge, D. L. (Eds.). (2007). *Disease surveillance: A public

health.* Hoboken, NJ: Wiley-Interscience.

Mack, S. E., Spotts, D., Hayes, A., & Warner, J. R. (2006). Teaching emergency preparedness to restricted-budget families. *Public Health Nursing, 23*(4), 354360. doi:

10.1111/j.1525-1446.2006.00572.x

Marshall, J., & Friedman, H. L. (2012). Classificações de análise de dados qualitativos

assistidos por computador versus humanos: Conteúdo espiritual em relatos de sonhos e

entradas de diário. *The Humanistic Psychologist, 40,* 329-342. doi:

10.1080/08873267.2012.724255.

Martin, W. E., Martin, I. M., & Kent, B. (2009). O papel da perceção do risco no

processo de mitigação do risco: O caso dos incêndios florestais em comunidades de alto

risco. *Journal of Environmental Management, 91,*489-498. doi:

10.1016/j.jenvman.2009.09.007

McGarvey, E. L., Clavet, G. J., Johnson, J. B., Butler, A., Cook, K. O., & Pennino, B.

(2003). Cancer screening practices and attitudes: Comparação de mulheres com baixos

rendimentos em três grupos étnicos. *Ethnicity & Health, 5*(1), 71-82. doi:

10.1080/1355785032000107959

McPhail, J. C. (1995). A fenomenologia como filosofia e método. *Remedial and Special*

Education, 16(3), 159-165.

Messias, D. K. H., Barrington, C., & Lacy, E. (2012). Dinâmica da rede social latina e o

desastre do furacão Katrina. *Disasters, 36(1),* 101-121. doi:10.1111/j.1467-

7717.2011.01243.x

Instituto de Política de Migração. (2014). *Oklahoma: Demographics and social.*

Recuperado de http://www.migrationpolicy.org/data/state-

profiles/state/demographics/OK .

Miller, C. H., Adame, B. J., & Moore, S. D. (2013). Teoria do interesse adquirido e

preparação para desastres. *Disasters, 37*(1), 1-27.

Moustakas, C. (1994). *Phenomenological research methods.* Thousand Oaks, CA: Sage.

Instituto Nacional do Cancro. (2005). *Theory at a glance: A guide for health promotion

practice* (2.ª ed., pp. 1-64). Washington, DC: Departamento de Saúde e

Serviços Humanos, Institutos Nacionais de Saúde. Recuperado de

http://www.cancer.gov/cancertopics/cancerlibrary/theory.pdf

Serviço Nacional de Meteorologia Escritório de Previsão do Tempo (2014, 24 de

fevereiro). *Tornados assassinos em Oklahoma* (1950 - presente; site). Recuperado de

http://www .srh.noaa. gov/oun/.

Notícias do Mundo da Natureza. (2014). *Moore, Okla. tornado muito mais poderoso do

que a bomba de Hiroshima [VIDEO].* Recuperado de

http://www.natureworldnews.com/articles/2041/20130522/moore-okla-tornado- vastly-

more-powerful-hiroshima-bomb-video.htm.

Gabinete de Previsão do Serviço Meteorológico Nacional de Norman (2014). *A escala

Fajita melhorada (EF).* Recuperado de http://www.srh.noaa.gov/oun/?n=efscale.

Northway, R. (2013). Métodos que unem qualidade e quantidade. *Nurse Researcher,

20(6),* 4-5.

Neuhauser, L., Richardson, D., Mackenzie, S., & Minkler, M. (2007). Promoção da

prática de investigação transdisciplinar e translacional: Questões e modelos de formação de doutoramento em saúde pública. *Journal of Research Practice, 3,*(2), 1-24.

Departamento de Gestão de Emergências de Oklahoma. (2014). *Emergências e desastres.* Obtido de

http://www.Oklahoma.gov/OEM/Emergencies_&_Disasters/2013/20130518_Sev ere__Weather_EventsZ20130520_Situation_Update_2.html.

Corpo de Reserva Médica de Oklahoma. (2013). A preparação compensa! *The MRC Monitor, 8(2},* 1-8.

Onwuegbuzie, A. J., Dickinson, W. B., Leech, N. L., & Zoran, A. G. (2009). A qualitative framework for collecting and analyzing data in focus group research. *Instituto Internacional de Metodologia Qualitativa, 8*(3), 1-21.

Orient, J. M. (1985). Disaster preparedness: An international perspective. *Annals of Internal Medicine, 103(6),* 937-940. doi:10.7326/0003-4819-103-6-937.

Patton, M. Q. (2002). *Qualitative research and evaluation methods* (3rd ed.). Thousand Oaks, CA: Sage Publications, Inc.

Pereira, H. (2012). O rigor na investigação fenomenológica: Reflexões de um enfermeiro investigador principiante. Enfermeiro *Investigador, 19*(3), 16-19.

Perry, R. W., & Lindell, M. K. (2003). Preparação para a resposta a emergências: Guidelines for the emergency planning process. *Disasters, 27*(4), 336-350. doi: 10.1111/j.0361-3666.2003.00237.x

Centro de Investigação Pew. (2014). *Uma nação de imigrantes.* Recuperado de http://www.pewhispanic.org/2013/01/29/a-nation-of-immigrants/.

Pool, R. (2013). Predicting the elements. *Engenharia e Tecnologia, 8*(7), 45-47.

Prevatt, D., Coulbourne, W., Graettinger, A., Pei, S., Gupta, R., & Grau, D. (2013)

Joplin, Missouri, tornado de 22 de maio de 2011: Structural damage survey and case for tornado-resilient building codes (pp. 1-4). Reston, VA: Sociedade Americana de Engenheiros Civis.
Fundação Robert Wood Johnson. (2008). Projeto de orientações para a investigação

qualitativa. Recuperado de http://www.qualres.org/HomeLinc-3684.html.

Romo, R. E. (2011). Um estudo fenomenológico das percepções e experiências dos

mexicanos-americanos que participam no futebol universitário. *Revista Internacional de

Saúde, Bem-Estar e Sociedade, 1*(3), 177-188.

Runkle, J. D., Zhang, H., Karmaus, W., Martin, A. B., & Svendsen, E. R. (2012).

Previsão das necessidades de cuidados primários não satisfeitas para os médicos

vulneráveis após uma catástrofe: An Interrupted Time-Series Analysis of Health System

Responses. *Revista Internacional de Investigação Ambiental e Saúde Pública, 9*(10),

33843397. doi:10.3390/ijerph9103384

Samaddar, S., Chatterjee, R., Misra, B., & Tatano, H. (2014). Expectativa de resultados

e auto-eficácia: Razões ou resultados da intenção de preparação para inundações?

International Journal of Disaster Risk Reduction, 8, 91-99.

Schulz, A. J., Zenk, S. N., Israel, B. A., Mentz, G., Stokes, C., & Galea, S. (2008). Do

neighborhood economic characteristics, racial composition, and residential stability

predict perceptions of stress associated with the physical and social environment?

Resultados de uma análise multinível em Detroit. *Journal of Urban Health, 85*(5), 642-

661. doi: 10.1007/s11524-008-9288-5

Schneiderman, N., Speers, M. A., Silva, J. M., Tomes, H., & Gentry, J. H. (Eds.).

(2001).

Integrar as ciências sociais e comportamentais na saúde pública. Washington, DC: American Psychological Association.

Schwandt, T. A. (2007). *The Sage dictionary of qualitative inquiry*. 3rd ed. Thousand Oaks, CA: Sage Publications.

Semenza, J. C., Ploubidis, G. B., & George, L. A. (2011). Alterações climáticas e variabilidade climática: motivação pessoal para adaptação e mitigação. *Jornal de Saúde Ambiental, 10,(46)*, 46-57. doi: 10.1186/1476-069X-10-46

Shosha, G. A. (2012). Emprego da estratégia de Colaizzi na fenomenologia descritiva: A reflexão de um investigador. *Revista Científica Europeia, 8*(27), 31-43.

Simon, M. K., & Goes, J. (2014). *O que é a investigação fenomenológica?* Retrieved from http://dissertationrecipes.com/wp-content/uploads/2011/04/Phenomenological-Research.pdf.

Slovic, P., Peters, E., Finucane, M. L., & MacGregor, D. G. (2005). Affect, risk, and decision making. *Health Psychology, 24*(4), 35-40. doi: 10.1037/0278- 6133.24.4.s35

Smith, J., & Firth, J. (2011). Análise de dados qualitativos: The framework approach. *Nurse Researcher, 18*(2), 52-62.

Stajura, M., Glik, D., Eisenman, D., Prelip, M., Martel, A., & Sammartinova, J. (2012). Perspectivas das organizações comunitárias e religiosas sobre a parceria com os departamentos de saúde locais em caso de catástrofes. *Revista Internacional de Investigação Ambiental e Saúde Pública, 9,* 2293-2311. doi:10.3390/ijerph9072293

Estado de Oklahoma. (2013). Gestão de emergências de Oklahoma. Recuperado de http://www.Oklahoma.gov/OEM/

Tate, E. (2012). Índices de vulnerabilidade social: A comparative assessment using

uncertainty and sensitivity analysis. *Natural Hazards, 63,* 325-347. doi:

10.1007/s11069-012- 0152-2

Truman, B. I., Tinker, T., Vaughan, E., Kapella, B. K., Brenden, M., Woznica, C. V., ...

Lichtveld, M. (2009). Pandemic influenza preparedness and response among

immigrants and refugees (Preparação e resposta à pandemia de gripe entre imigrantes e

refugiados). *American Journal of Public Health, 99*(2), 278-286.

doi: 10.2105/AJPH.2008.154054

Gabinete dos Censos dos Estados Unidos. (2011). A população hispânica: 2010.

Recuperado de http://www.census.gov/prod/cen2010/briefs/c2010br-04.pdf.

Gabinete dos Censos dos Estados Unidos. (2013). *Factos rápidos sobre o estado e o*

condado: Oklahoma. Recuperado de http://quickfacts.census.gov/qfd/states/40000.html.

Departamento de Saúde e Serviços Humanos dos Estados Unidos. (2013). *Pessoas*

saudáveis 2020: Preparedness (Preparação). Obtido em

http://healthypeople.gov/2020/topicsobjectives2020/overview.aspx?topicId=34.

Departamento de Segurança Interna dos Estados Unidos. (2014). *Estimativas da*

população imigrante não autorizada residente nos Estados Unidos: janeiro de 2012.

Recuperado de http://www.dhs.gov/publication/estimates-unauthorized-immigrant-

population-residing-united-states-january-2012 .

Vink, K., & Takeuchi, K. (2013). Comparação internacional das medidas adoptadas

para as pessoas vulneráveis nas leis de gestão do risco de catástrofes. *Revista*

Internacional de Redução do Risco de Catástrofes, 4, 63-70.

Wallace, A. (2010). Tornados. Em K. Koenig & C. Schultz (Eds.), *Disaster medicine:*

Comprehensive principles and practices (pp. 553-561). Nova Iorque, NY: Cambridge University Press.

Valdez, C. R., Valentine, J. L., & Padilla, B. (2013). "Por que ficamos": As motivações dos imigrantes para permanecerem em comunidades afectadas pela política anti-imigração. *Psicologia da Diversidade Cultural e das Minorias Étnicas, 19*(3), 279-287. doi: 10.1037/a0033176

Villagran, M. M., Wittenberg-Lyles, E., & Garza, R. T. (2006). Uma abordagem de integração problemática para captar as experiências cognitivas, culturais e comunicativas dos voluntários do furacão Katrina. *Analysis of social issues and public policy, 6*(1), 87-97. doi: 10.1111/j.1530-2415.2006.00105.x

Wickstrom, A. (2009). O processo de mudança sistémica na terapia filial: Um estudo fenomenológico da experiência dos pais. *Journal of Contemporary Family 'Therapy, 31*(3), 193-208. doi: 10.1007/s10591-009-9089-3

Willig, C. (2007). Reflexões sobre a utilização de um método fenomenológico. *Qualitative Research in Psychology, 4*(3), 209-225. doi: 10.1080/14780880701473425

Wofford, J. (2014, 3 de maio). Aviso de tempestade: Ter um kit de emergência é vital, especialmente em Oklahoma. *Tulsa World,* pp. 1D, 5D.

Apêndice A: Perguntas de investigação e perguntas de entrevista relacionadas

RQ1. Quais são as percepções, pensamentos e experiências dos imigrantes hispânicos relativamente ao seu risco pessoal de lesões durante uma catástrofe natural? Perguntas da entrevista: Que experiência tem de um tornado e de condições climatéricas como ventos fortes, inundações repentinas e granizo, que podem ocorrer durante esse período? Que risco de ferimentos acha que corre quando se trata de um tornado e das condições meteorológicas que podem ocorrer durante esse período?

RQ2. Quais são as percepções, pensamentos e experiências dos imigrantes hispânicos relativamente a abrigos seguros durante uma catástrofe natural? Perguntas da entrevista: Sabe onde se situa o abrigo seguro mais próximo de si? O que significa para si um abrigo seguro? Já alguma vez utilizou um abrigo seguro? Utilizaria um abrigo seguro se houvesse um disponível para utilização? Sabe como localizar um abrigo seguro? Pode dizer-me, por favor, como acha que faria para localizar um abrigo seguro?

RQ3. Quais são as percepções, pensamentos e experiências dos imigrantes hispânicos relativamente ao desenvolvimento de um plano de emergência familiar para se prepararem para uma catástrofe natural? Perguntas da entrevista: Tem um plano de emergência familiar que utiliza no caso de um tornado? Em caso afirmativo, pode explicar-me qual é o seu plano de emergência familiar? Já alguma vez utilizou o plano de emergência familiar? Considerou o plano útil para si e para a sua família? (Se a resposta for não, não têm um plano familiar)- Se ia criar um plano de emergência familiar,

em que é que consistiria? Já alguma vez ouviu falar ou viu informações sobre como criar um plano de emergência familiar? Consideraria a possibilidade de criar um plano de emergência familiar para si e para a sua família? Pode explicar por que razão criaria ou não criaria um plano de emergência familiar?

RQ4. Quais são as percepções, pensamentos e experiências dos imigrantes hispânicos relativamente à criação de um kit de emergência familiar para se prepararem para uma catástrofe natural? Pergunta da entrevista: Tem um kit de emergência familiar? Se sim, alguma vez utilizou o kit de emergência familiar? Considerou útil tê-lo? (Se a resposta for não, não têm um kit de emergência familiar)- Considera que seria importante ter um kit de emergência familiar depois da ocorrência de um tornado? Já alguma vez ouviu ou viu informações sobre como criar um kit de emergência familiar? Consideraria a possibilidade de criar um kit de emergência familiar para si e para a sua família? Pode explicar por que razão criaria ou não um kit de emergência?

RQ5. Quais são as percepções, pensamentos e experiências dos imigrantes hispânicos relativamente à forma de evitar danos pessoais ou perda de recursos pessoais durante uma catástrofe natural? Perguntas da entrevista: Alguma vez sofreu danos pessoais ou perda de recursos pessoais durante um tornado? Se sim, por favor, fale-me sobre isso. Acha que um plano de emergência familiar e um kit de emergência ajudariam a evitar ferimentos e a perda de recursos pessoais? Em caso afirmativo, diga-me como é que um plano de emergência familiar e um kit de emergência familiar poderiam ajudar

a si e à sua família.

Apêndice B: Formulário de consentimento do participante no estudo de investigação

FORMULÁRIO DE CONSENTIMENTO

Está convidado a participar num estudo de investigação para explorar as percepções e experiências de catástrofes naturais e de planeamento de catástrofes dos imigrantes hispânicos que migraram para Oklahoma. As pessoas que preenchem os critérios de inclusão para participar no estudo são pessoas que migraram para Oklahoma e se identificam como sendo de etnia hispânica. A pessoa é do sexo masculino ou feminino, tem 18 anos ou mais, viveu condições climatéricas de crise durante a primavera de 2013 e reside em Oklahoma City, Oklahoma ou nas comunidades circundantes que englobam a Área Estatística Metropolitana Padrão de Oklahoma City. Este formulário faz parte de um processo denominado "consentimento informado", que lhe permite compreender este estudo antes de decidir se quer participar.

Este estudo está a ser conduzido por uma investigadora chamada Rebekah Doyle, que é estudante de doutoramento na Universidade de Walden.

Informações de base:

O objetivo deste estudo é explorar e identificar as percepções, pensamentos e experiências dos imigrantes hispânicos que passaram por catástrofes naturais e emergências em Oklahoma, no que diz respeito à perceção do risco de lesões, crenças, atitudes e percepções das catástrofes naturais e emergências.

Procedimentos:

Se concordar em participar no estudo, ser-lhe-á pedido que

- Participar numa entrevista pessoal presencial de uma hora a uma hora e meia.
- A entrevista será gravada em áudio.

- A verificação dos membros será efectuada com o participante no estudo depois de eu ter redigido um resumo das respostas dos participantes às perguntas da entrevista. O participante analisará o resumo para se certificar de que estou correto quanto à exatidão das respostas e do significado do participante no estudo.

Eis alguns exemplos de perguntas:

- Que experiência tem de um tornado e de condições meteorológicas como ventos fortes, inundações repentinas e granizo que podem ocorrer durante esse período?
    - Consideraria a possibilidade de criar um plano de emergência familiar para si e para a sua família?
- Consideraria a possibilidade de criar um kit de emergência familiar para si e para a sua família?

Natureza voluntária do estudo:

Este estudo é voluntário. Todos respeitarão a sua decisão de participar ou não no estudo. Se decidir participar no estudo agora, pode mudar de ideias mais tarde. Pode parar em qualquer altura.

Riscos e benefícios de participar no estudo:

A participação neste tipo de estudo implica um certo risco de pequenos desconfortos que podem ocorrer na vida quotidiana, como o stress ou a perturbação ao recordar e discutir uma experiência que possa ser stressante. A participação neste estudo não representa um risco para a sua segurança ou bem-estar. Embora não haja benefícios directos em participar neste estudo, a sua participação no mesmo proporcionará uma visão e compreensão do planeamento de preparação para catástrofes naturais que efectuou antes e depois da crise climática da primavera de 2013. Esta visão e compreensão irá informar e educar melhor a saúde pública de Oklahoma, a Gestão de Emergências de Oklahoma, a Agência de Desenvolvimento Comunitário Latino, os capítulos da Cruz Vermelha de Oklahoma e as organizações religiosas sobre como ajudar os imigrantes hispânicos na preparação para desastres e condições climáticas severas.

Pagamento:
Os participantes receberão uma compensação por participarem no estudo. A compensação consistirá num cartão de oferta de $20,00 da Wal-Mart que pode ser trocado em qualquer loja Wal-Mart. O cartão-presente de $20,00 será entregue ao participante do estudo quando este se apresentar para a entrevista.

Privacidade:
Todas as informações que fornecer serão mantidas confidenciais. Não utilizarei as suas informações pessoais para qualquer fim alheio a este projeto de investigação. Além disso, não incluirei o seu nome ou qualquer outra coisa que o possa identificar nos relatórios do estudo. Os dados serão mantidos em segurança através de um cofre fechado à chave na minha residência. Os dados serão guardados durante um período mínimo de 5 anos, conforme exigido pela universidade.

Contactos e perguntas:
Se, em qualquer altura, tiver dúvidas, pode contactar-me a mim, Rebekah Doyle, por telefone ou por correio eletrónico: (xxx) xxx-xxx ou rebekah.doyle@waldenu.edu. Se quiser falar em privado sobre os seus direitos como participante, pode contactar a Dra. Leilani Endicott. Ela é a representante da Walden University que pode falar consigo sobre este assunto. O seu número de telefone é (xxx) xxx-xxxx. O número de aprovação da Universidade Walden para este estudo é 09-10-15-0317174 e expira a 9 de setembro de 2016.

Dar-lhe-ei uma cópia deste formulário para o guardar.

Declaração de consentimento:
Li as informações acima e considero que compreendo o estudo suficientemente bem para tomar uma decisão sobre a minha participação. Ao assinar abaixo, compreendo que estou a concordar com os termos acima descritos.

Nome em letra de imprensa do participante _______________________________________

Date of Consent____

Participant's Signature____

Translator's Signature____

Researcher's Signature____

Apêndice C: Formulário de consentimento do participante no estudo de investigação
(espanhol)

FORMA DE CONSENTIMENTO

Está a ser convidado a participar num estudo de investigação para explorar as percepções e experiências de desastres naturais e planeamento de desastres entre a população hispânica que emigrou para Oklahoma. Las personas que tienen los criterios de inclusión para participar en el estudio son la gente que ha emigrado a Oklahoma y se identifica de ser de etnica hispana. La persona puede ser masculino o femenino, tener 18 anos o mayor, tuvieron experiencia con los desastres naturales que ocurrieron durante la primavera del 2013, y residen en la ciudad de Oklahoma, en el estado de Oklahoma o las comunidades alrededor que cercan el area Estandar Metropolitano Estadistico de la cuidad de Oklahoma. Esta forma faz parte de um processo denominado "consentimiento informado" para permitir que o utilizador compreenda este estudo antes de decidir se participa.

Este estudo está a ser conduzido por uma investigadora chamada Rebekah Doyle, que é uma estudante de doutoramento na Universidade Walden.

Objetivo:

A proposta deste estudo é explorar e identificar as percepções, pensamentos e experiências de imigrantes hispânicos que experimentaram desastres naturais e emergências em Oklahoma em relação ao seu risco percebido de ferimentos, crenças, atitudes e percepções desses desastres naturais e emergências.

Procedimentos:

Se aceder a estar no estudo, perguntamos que:

- Participar numa entrevista pessoal cara a cara por uma hora até uma hora e meia.
  - **A entrevista será gravada em áudio.**
- Conduza um membro a uma revisão com o participante do estudo depois de o investigador ter um resumo escrito das respostas do participante às perguntas da entrevista. O participante revê o resumo para garantir que a investigadora o entendeu corretamente e tem as respostas precisas que o participante do estudo deu.

Aqui estão algumas das respostas às perguntas:

- Que experiência tem com tornados e de condições de tempo como ventos fortes, inundações de última hora e granizo que podem ocorrer neste momento.
  - Considere a possibilidade de criar um plano de emergência para si e para a sua família.
  - Considera a possibilidade de criar uma equipa de provisão para si e para a sua família.

Naturaleza Voluntaria del Estudio:

Este estudo é voluntário. Todos respeitam a sua decisão se decidir ou não participar no estudo. Se decidir juntar-se ao estudo agora, pode mudar de opinião mais tarde. Pode parar em qualquer altura.

Riesgos y Beneficios de Estar en el Estudio:

Estar neste tipo de estudo envolve algo de risco de incomodidades menores que podem ser encontradas na vida diária, como stress ou de chegar a sentir-se desconfortável ao discutir ou ao registar uma experiência que poderia ser desagradável. Estar neste estudo não representa qualquer risco para a sua segurança ou bem-estar. Aunque no haiga un beneficio direto en participar en este estudio, su participación en este estudio proporcionara información y entendimiento de la planificacion de preparacion ante desastres naturales que usted realizo antes y despues le las condiciones de el tiempo de crisis en la primavera del 2013. Esta informação e entendimento informam melhor e educam a saúde pública de Oklahoma, a Gerência de Emergência de Oklahoma, a Agência de Desenvolvimento da Comunidade Latina, a Cruz Vermelha de Oklahoma e as organizações baseadas na fé de como ajudar os imigrantes hispânicos em desastres e na preparação para o tempo severo.

Pago:

Os participantes receberão uma compensação por participarem no estudo. A compensação consiste numa tarjeta de regalo do Wal-Mart de $20,00 que pode ser usada em qualquer loja Wal-Mart. A tarjeta de regalo de $20.00 será dada ao participante do estudo ao apresentar-se para a cita da entrevista.

Privacidade:

Qualquer informação que o utilizador fornecer será mantida confidencial. A investigadora não utilizará a sua informação pessoal para nenhuma proposta fora deste projeto de investigação. Além disso, a investigadora não incluirá o seu nome ou qualquer outra coisa que o possa identificar nas informações do estudo.

Os dados serão guardados em segurança numa caixa forte com fechadura no local de residência do investigador. Os dados serão guardados por um período de pelo menos 5 anos, como é exigido pela Universidade.

Perguntas e Contactos:

Se, em qualquer momento, tiver dúvidas, pode contactar a investigadora, Rebekah Doyle, por telefone ou por correio eletrónico: (xxx)xxx-xxxx o rebekah.doyle@waldenu.edu. Se quiser falar em privado acerca dos seus direitos como participante, pode telefonar à Dra. Leilani Endicott. Ella es la representante de la Universidad Walden que puede discutir acerca de esto con usted. O seu número de telefone é (xxx) xxx-xxxx. O número de aprovação da Universidade Walden para este estudo é 09-10-15-0317174 e expira a 9 de setembro de 2016.

A investigadora entrega-lhe uma cópia desta forma.

Declaração de consentimento:

He leldo la information y siento que entiendo el estudio lo suficiente para tomar una decision sobre mi participation. Firmando abajo, entiendo que estoy de acuerdo con los terminos descritos.

Nome do Participante ____

Fecha de Consentimiento ____

Firma do Participante ____

Firma do Tradutor ____

Firma do Investigador ____

I want morebooks!

Buy your books fast and straightforward online - at one of world's fastest growing online book stores! Environmentally sound due to Print-on-Demand technologies.

Buy your books online at
www.morebooks.shop

Compre os seus livros mais rápido e diretamente na internet, em uma das livrarias on-line com o maior crescimento no mundo! Produção que protege o meio ambiente através das tecnologias de impressão sob demanda.

Compre os seus livros on-line em
www.morebooks.shop

Printed by Books on Demand GmbH, Norderstedt / Germany